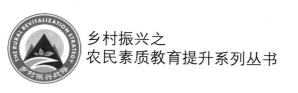

乡村振兴之
农民素质教育提升系列丛书

花生 高效栽培与 病虫害绿色防控图谱

◎ 肖 涛　李艳芬　主编

中国农业科学技术出版社

图书在版编目（CIP）数据

花生高效栽培与病虫害绿色防控图谱 / 肖涛，李艳芬主编. —北京：中国农业科学技术出版社，2020.1

（乡村振兴之农民素质教育提升系列丛书）

ISBN 978-7-5116-4569-2

Ⅰ. ①花… Ⅱ. ①肖… ②李… Ⅲ. ①花生—栽培技术—图谱 ②花生—病虫害防治—图谱 Ⅳ. ①565.2-64 ②S435.652-64

中国版本图书馆 CIP 数据核字（2019）第 279062 号

责任编辑	徐　毅
责任校对	马广洋

出 版 者	中国农业科学技术出版社
	北京市中关村南大街12号　　邮编：100081
电　　话	（010）82106636（编辑室）（010）82109702（发行部）
	（010）82109709（读者服务部）
传　　真	（010）82106631
网　　址	http://www.CASTP.cn
经 销 者	全国各地新华书店
印 刷 者	固安县京平诚乾印刷有限公司
开　　本	880mm×1 230mm　1/32
印　　张	3.75
字　　数	115千字
版　　次	2020年1月第1版　2020年1月第1次印刷
定　　价	32.00元

《花生高效栽培与病虫害绿色防控图谱》

·················· 编委会 ··················

主 编 肖 涛 李艳芬

副主编 刘翠侠 李巧玲 高大清 张鲜艳

花生是我国主要的油料作物和经济作物，具有悠久的栽培历史，种植面积位列世界第二，总产量居世界第一，在国民经济和对外贸易中一直占有重要地位。随着我国花生新品种、新技术、新机械的应用与推广，极大地促进了花生生产的发展，我国花生呈现出快速发展的态势，种植面积逐年扩大，不少地区花生生产已成为当地农村经济发展、农民脱贫致富的支柱产业。

我国花生生产发展不平衡，产量水平差异较大，不仅有技术方面的原因，更有自然、生态条件等方面的影响。花生产量和质量在很大程度上受到病虫害的影响，特别是近年来随着种植面积的增加和耕作制度的变化，各种病虫草鼠等多种有害生物的发生和流行呈现逐年加重的趋势，严重影响了花生的质量与产量，每年给花生生产造成很大损失。加之部分种植户盲目、滥用化学农药，错用、误用，过量、延误用药时有发生，不仅为害花生本身的生长发育，造成花生产量降低、品质变劣，而且影响食品安全、人体健康、生态环境、产品贸易。病虫草害已成为制约花生产业发展的主要因素。

本书针对花生产量和品质影响较大的主要病虫害，以文字说明与彩色图谱相结合的方式，简述了每种病虫害的为害症状及防治措施，指导科学安全用药，并侧重于绿色防控技术。本书图文并茂、通俗易懂、简单实用，可以供广大农民、种植大户、专业化服务组织（合作社）、农业技术人员等参考使用。

　　需要说明的是，本书所用药物及其使用量仅供读者参考，不可照搬。在生产实际中，所用药剂、常用名和实际商品名称有差异，药剂浓度也有所不同，建议读者在使用每一种药剂之前，仔细参阅生产厂家提供的产品说明，确认药剂用量、用药方法、用药时间及注意事项等。

　　在本书编写过程中，编者参阅了相关书籍和大量文献资料，参考引用了专家学者的一些最新研究成果，在此一并表示真诚的感谢。由于水平有限，时间仓促，书中图谱、文字资料难免有疏漏之处，恳请广大读者、同行专家批评指正。

编者

2019年5月

CONTENTS **目　录**

第一章
花生绿色优质高产高效栽培技术

一、播前准备

（一）土壤条件

花生适宜的土壤条件是耕作层疏松、活土层深厚、中性偏酸、排水和肥力特性良好的壤土或沙壤土。全土层50厘米以上，耕作层30厘米左右，10厘米左右的结果层土质疏松、通透性好。适宜花生种植的土壤pH值为6.0～6.5。播前每亩①用20千克石灰氮处理土壤，可预防根腐病、白绢病。

（二）轮作换茬

花生忌重茬，重茬花生病虫害发生严重，表现为植株矮、叶片黄、落叶早、果少果小、减产明显。重茬一年，荚果减产15%以上，重茬2年减产30%以上。所以，要选择3年以上未种过花生的地块播种。

合理轮作，与禾本科作物（棉花、烟草、甘薯等）轮作，但不宜与豆科作物轮作。

---

① 1亩≈667平方米，全书同

（三）播前整地

花生种子较大，脂肪含量高，发芽出苗需要较多的水分和氧气。因此，播种前整地的要求是土壤疏松、细碎、不板结、含水量适中、排灌方便，做到上虚下实、地平无土块。起高垄，方便排水。在整地时与下基肥结合起来。

（四）种子准备

1. 晒种

花生播种前10天左右，选干燥的晴天带壳晒种2～3天，提高种子生活力和发芽力，出苗整齐；杀死荚果上的病菌，减轻花生田间发病率。

2. 选种

剥壳前对留种的荚果进行再次选种，选种饱满的双仁果作种。剥壳后对种子进行粒选分级，首先将秕粒、小粒、破碎粒、感染病虫害和霉变的种子拣出，然后按种子籽粒的大小分为1级、2级、3级，分级播种，但3级种子一般不做种用。

3. 剥壳

花生剥壳不宜太早，避免种子吸水受潮、病菌感染或机械损伤。花生的剥壳时间离播种期越近越好。采用机械脱壳的种子，一定要进行发芽试验，根据发芽率情况确定适宜播量。

4. 拌种

通过拌种（包衣）可有效防治根腐病、茎腐病、冠腐病等土传病害和蛴螬等地下害虫，保证花生苗齐、苗全、苗壮。在播种前应根据当地花生病虫特点，选择合适的药剂（包衣剂）进行拌种（包衣）。用60%吡虫啉悬浮种衣剂60毫升，或用18%噻虫胺悬浮种衣剂100毫升、70%噻虫嗪水分散粒剂30～50克、18%氟虫腈·毒死蜱种子处理微囊悬浮剂100毫升处理花生种子，可防治地下害虫、蚜虫等；用50%多菌灵按种子量的0.3%或每亩用2.5%咯菌腈悬浮种衣剂20～40毫升、6.25%咯菌腈·精甲霜灵20毫升拌种，可预防茎腐病、白绢病、根腐病等根部病害。可以将杀虫剂、杀菌剂混合均匀，进行种子处理，预防苗期多种病虫害。拌种（包衣）要均匀，随拌随播，一般种皮晾干（阴凉通风，避免暴晒）即可播种。

二、品种选择

根据土壤、气候等生态条件和市场需求，选择高油、高油酸、高蛋白、适宜食品加工等优质专用品种，逐步满足油用、食用、加工、出口等不同用途的差异化需求。黄淮海产区中等以上地力田块，春播露地花生或春播地膜覆盖花生宜选择生育期125天左右的优质专用型中大果型品种；瘠薄地或连作地宜选择生育期125天左右的优质专用型中小果型品种。东北产区选用生育期125天以内的中早熟中小果型品种，其中，高纬度、无霜期短、积温低的地区选用生育期115天以内的早熟小果型品种。南方产区春播花生选用生育期120天左右的珍珠豆型品种。西北产区的南疆地区春播花生选用生育期125天左右的中大果型品种，北疆地区春播花生选用生育期120天以内的中小果型品种。在选择品种时，要针对当地主要自然灾害和生物灾害，选择相应的抗性品种，特别是青枯病易发区要选用高抗品种，如远杂9102、中花21、中花6号、泉花551、粤油40等；烂果病易发区可选用耐病性较强品种，如中花6号、桂花1026、远杂9102、山花9号、航花2号等；机械化生产程度高的产区，应选择成熟一致性好、果柄韧性较强、适宜机械化收获品种，如豫花9326、远杂9102、花育33、中花16、中花21等。根据市场需求，各地可以选择种植高油酸花生品种，如豫花37、豫花65、冀花11、冀花16、冀花18、冀花19、冀农花6号、花育917、花育9111、开农71、开农1715等，进一步提高花生品质，适应中高端市场需求。

三、播期要点

（一）适期播种

春播露地大粒型品种播期应掌握在5厘米地温连续5日稳定在17℃以上，小粒型品种稳定在15℃以上，高油酸花生品种稳定在19℃以上，地膜覆盖花生播期比露地花生可提早7～10天。黄淮海产区播期一般在4月下旬至5月上旬，东北产区在5月中下旬，西北产区在5月上中旬。南方产区珍珠豆型花生播种应气温稳定在12℃以上，于"冷尾暖头"抢晴播种，高油酸花生品种适当晚播。

（二）合理密植

花生的种植密度决定于植株高度、结实范围和叶面积大小。花生适宜的种植密度依据气候特点、土壤肥力、选用品种和栽培条件而定。一般春播大粒型品种双粒亩播0.8万～1万穴，小粒型品种双粒亩播0.9万～1.1万穴，单粒亩播1.4万～1.7万穴，肥水条件较好的地块宜稀播，旱薄地块宜密植。

（三）播种深度

播种深浅和适时覆土是花生全苗的关键措施之一。播种深度以3～4厘米为宜（指开沟深度即地表面至沟底面之间的垂直距离）。播种过深易引起出苗时间延长形成弱苗，或遇低温烂籽；播种过浅种子易落干，播种要深浅一致，达到苗齐、苗壮。

（四）播后镇压

播后镇压是花生抗旱播种确保全苗的一条成功经验。镇压后，不仅可以减少土壤水分蒸发，而且可使种子与土壤紧密接触，促使土壤下层水分上升，防止种子变干，便于种子萌发出苗。

（五）种植方式

花生的播种方法按照栽培方式分露地播种和覆膜播种；按作业方式分为人工点播和机械播种。宜采用起垄种植方式，选用适宜的播种机械，或露地起垄播种，或起垄播种覆膜压土一体化播种；播种时土壤含水量一般在田间最大持水量的65%～75%时为宜，干旱时造墒播种，在无水浇条件时，应做到有墒不等时、时到不等墒。

四、田间管理

（一）查苗补苗

在花生出苗后，要及时进行查苗，缺苗严重的地方要及时补苗，使单位面积苗数达到计划要求的数量，一般在出苗后3～5天进行。补苗措施主要有以下3种。

（1）贴芽补苗。在花生田的田头地角或其他空地种植一些花生，待子叶顶出土面尚未张开时将芽起出，移栽到田间缺穴处。用与田间苗龄相近的备用幼苗，补种于缺苗的播种穴，增产效果优于补种浸种或催芽的种子。

（2）育苗移栽。选择一块空地或田边地角，用营养杯装上营养土，每杯种2粒备用花生种子，待幼苗长出2～3片真叶时，选择阴雨天或傍晚进行移栽。

（3）催芽补种。上述2种方法费工较多，而且育芽或育苗数量不容易掌握，数量过多浪费种子，数量过少又不能满足补栽之用，为了节省用工，也可将种子催芽后直接补种。

（二）科学施肥

花生施肥应掌握以有机肥为主，化学肥料为辅；底肥为主，追肥为辅；追肥以苗肥为主，花肥、壮果肥为辅；平衡施肥的原则。氮：磷：钾比例为1：1.5：2，中微量元素配合。一般每亩一次性施三元复合肥35~50千克。为预防酸性土壤花生空壳，每亩可增施石灰、钙镁磷肥等含钙肥料50~100千克，石灰在开花下针期撒施在花生结荚区，钙镁磷肥宜先条施在播种沟内再播种；连作土壤可增施石灰氮、生物菌；肥力较低的砾质沙土、粗沙壤土和生茬地，增施花生根瘤菌肥，增强根瘤固氮能力；高产田增施深施生物钾肥，促进土壤钾有效释放。可通过施用有机肥、生物肥料，减少化肥用量，控制重金属污染以及亚硝酸积累。

（三）适期浇水

足墒播种的春播花生，幼苗期一般不需浇水，适当干旱有利于根系发育，提高植株抗旱耐涝能力，也有利于缩短第一、第二节间，便于果针下扎，提高结实率和饱满度；花针期和结荚期是花生对水分反应最敏感的时期，也是需水量最多的时期，此期干旱对产量影响大，当中午前后植株叶片出现萎蔫时，应及时浇水。饱果期遇旱应及时小水轻浇润灌，防止植株早衰及黄曲霉菌感染。浇水宜在早晚时段进行，且要防止田间积水，否则，容易引起烂果，也不宜用低温井水直接大水漫灌。南方或降水较多地区花生田要做到"三沟"通畅，防止渍害。

（四）中耕除草

露地花生播种覆土1~3天后，用适宜的芽前除草剂喷施地面，封闭除草；地膜花生在播种后、覆膜前，用适宜除草剂喷施地面（参见"第三节　花生全程病虫草害绿色防控技术"）。

当花生接近封垄时，露地花生在行间、地膜花生在垄间穿沟培土，培土要做到沟清、土暄、垄腰胖、垄顶凹，以利于果针入土结实。

（五）合理控旺

当植株生长至35～40厘米时，对出现旺长的地块用适宜的生长调节剂进行控制，要严格按照使用说明施用，喷施过少不能起到控旺作用；喷施过多会使植株叶片早衰而减产。生长调节剂一般于上午10:00前或15:00后进行叶面喷施。

（六）绿色防控

推荐采用农业措施、物理诱杀和生物防治等方法防治病虫害，推广使用高效低毒低残留化学药剂防治病虫害（参见"第三节　花生全程病虫草害绿色防控技术"）。推广黑光灯、性诱剂和诱虫板等物理诱杀技术，既能控制虫害，又能减少化学农药使用量。防治花生蛴螬等地下害虫可选用生物制剂。防治叶斑病等病害可选用合适的高效低毒杀菌剂。青枯病和锈病防治最好选用高抗花生品种。华南地区通过科学轮作和间作预防病虫草害。

五、适期收获

收获、干燥与贮藏是花生生产最后的重要环节。适时收获、及时干燥、安全贮藏，可以保证花生丰产丰收和保持荚果良好的品质，提高花生的利用价值和种植效果，并为下茬花生提供优良的种子。

（一）收获

花生中低产田及种植早熟花生品种地块进入饱果后期，如遇干旱植株出现衰老状态，上部叶片变黄，基部和中部叶片脱落，就要及时收获，避免果实发芽、落果和黄曲霉毒素污染。花生高产田，在搞好保叶防早衰的基础上，要结合不同品种特性和长势情况，科学推行适期晚收。花生一般在主茎中下部大部分叶片变黄脱落、上部还剩3～4片绿叶时，大果型品种饱满荚果比率达到

70%以上，小果型品种饱满荚果比率达到80%以上，即可收获。具体收获期还应根据天气情况灵活掌握。

（二）干燥

新收获的花生，成熟荚果含水量50%左右，未成熟的荚果60%左右，收获后应尽快晾晒或烘干，一般经过5～6天晒后，然后堆放3～4天使种子内的水分散发到果壳，再摊晒2～3天，待荚果含水率降至10%以下时，方可贮藏。

（三）贮藏

花生的安全贮藏与含水量，温度关系密切。鲜食用花生宜及时冷藏、冷链运输。荚果含水量降至10%，种子含水量降至7%才能安全贮藏。清选入库后，应注意控制贮藏条件，防止贮藏害虫的为害和黄曲霉毒素污染的发生。贮藏期间要及时检查，加强管理，一旦发现异常现象，要采取有效措施，妥善处理。

第二章
花生主要病害

　　花生有"长生果"之称,是我国主要的油料作物和经济作物,具有悠久的栽培历史,种植面积位列世界第二位,总产量居世界第一,在国民经济和对外贸易中一直占有重要地位。近年来,随着农业产业结构的调整和花生经济价值的提高,种植面积不断增加,花生产量高低和品质优劣直接影响到农民的经济收入和人们生活水平。花生产量和质量在很大程度上受到病虫害的影响,特别是近年来随着种植面积的扩大、种植时间的增加和耕作制度的变化,各种病虫草害的发生和流行呈现逐年加重的趋势,严重影响了花生的质量与产量,每年给花生生产造成很大损失。病虫草害已成为花生产业发展限制性问题之一。为害花生的常见病害有花生黑斑病、花生褐斑病、花生网斑病、花生焦斑病、花生白绢病、花生锈病、花生炭疽病、花生青枯病、花生疮痂病、花生茎腐病、花生根结线虫病、花生病毒病等。

第一节　花生叶斑病

叶斑病是花生种植中普遍发生、为害最大的一类病害，重茬地区尤为严重，是花生中后期的重要病害。叶斑病一般指黑斑病、褐斑病，不同的病害能混合发生于同一植株甚至同一叶片上。褐斑病发生较早，约在初花期即开始在田间出现；黑斑病发生较晚，大多在盛花期才在田间开始出现。黑斑病发病较重，引起严重落叶。

一、发生症状

（一）花生褐斑病发生症状

花生褐斑病又称花生早斑病，主要为害花生叶片，严重时也可侵染叶柄和茎秆。发病早期均产生褐色的小点，发病时先从下部叶片开始出现症状，后逐步向上部叶片蔓延，病斑多发生在叶的正面，为黄褐色或暗褐色，逐渐发展为圆形或不规则形，直径1~10毫米。病斑的周围有黄色的晕圈，像青蛙眼；叶背颜色变浅，呈淡褐色或褐色。在潮湿条件下，在叶正面病斑上产生灰色霉状物，发病严重时，几个病斑汇合在一起，使叶片干枯脱落，仅留顶端3~5个幼嫩叶片。叶柄、茎秆受害的病斑为长椭圆形，暗褐色，中间稍凹陷，如图2-1所示。河南省、山东省等花生一般6月上旬发病，7月中旬至8月下旬为发生盛期；南方花生4月就开始发生，6—7月发病最重。分生孢子借风、雨传播，高温高湿天气有利于病害的发生和蔓延，尤其是7—8月多雨潮湿天气发病重，干旱少雨天气发病轻。晚熟品种发病较重。该病发病较早，嫩叶较老叶发病重。过去多被群众误认为是植株成熟的一般特征，往往未能引起足够的重视，实际上影响叶的光合效能，使荚果不饱满，降低产量和品质，一般可造成10%～20%的损失，严重可达40%以上的损失。

图2-1　花生褐斑病

（二）花生黑斑病发生症状

　　花生黑斑病又称花生晚疫病，俗称黑疽病、黑涩病，主要为害叶片，严重时可侵染叶柄、托叶、茎秆和果针。黑斑病症状与褐斑病很相似，为害部分相同，两者常混合发生。黑斑病斑一般比褐斑病斑小，颜色较深呈暗褐色或黑褐色，直径1～5毫米。病斑边缘较褐斑病整齐，叶正背两面有近圆形或圆形病斑，无黄色晕圈或不明显。为害晚期，叶背病斑有轮纹状排列小黑点，并有灰褐色霉状物。严重时，有大量病斑，引起叶片干枯脱落。叶柄和茎秆发病：病斑椭圆形，黑褐色，病斑多时连成不规则大斑，整个叶柄和茎秆变黑枯死。常造成大量落叶，荚果发育受阻，产量锐减，如图2-2所示。

　　在河南、河北、山东等省的北方花生种植区，黑斑病始发期和盛发期均比褐斑病晚10~15天，一般6月中下旬始见，6月上旬开始发病，7月下旬至9月上旬为发病盛期。分生孢子借风、雨或昆虫传播。雨水是病害流行的主要条件，降水早而多的年份，发病早而且重。低洼积水的地方，通风不良，光照不足，都助长了病害的发生。

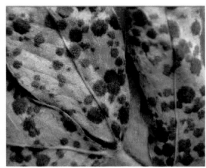

图2-2　花生黑斑病

二、防治方法

绿色防控措施应以农业防治为主，注重消灭初侵染病源，选用抗病品种，必要时药剂防治。

（一）农业防治

1. 消灭病源菌

在花生收获后及时清洁田园，清除遗留田间的病菌残体，集中烧毁或沤肥，及时翻耕，不要随意乱抛、乱堆，防止病菌再侵染花生。

2. 选用抗病品种

选种较抗（耐）病的生长直立、叶片厚、颜色深、花生粒大的品种或早熟品种，实行多个品种搭配与轮换种植。

3.加强栽培管理

要适时播种、合理密植，重病田与甘薯、玉米、水稻、大豆等非寄生作物实行2年以上的轮作。多施有机肥，少量增施磷钾肥，适时喷洒植物生长调节剂，雨后及时排水，降低湿度。

（二）药剂防治

花生初花期、盛花末期、膨果期分3次使用32.5%苯醚甲环唑·醚菌酯悬浮剂20～40毫升、17.2%吡唑醚菌酯·氟环唑悬浮剂40～50毫升、25%吡唑醚菌酯悬浮剂25～30毫升、或用30%苯醚甲环唑·丙环唑乳油30毫升、25%戊唑醇水乳剂30～40毫升、对水30千克，均匀喷雾。或用60%吡唑醚·代森联1 500倍液，每隔7～10天喷1次，连喷2～3次，兼治白绢病、果腐病等。

第二节　花生网斑病

一、发生症状

花生网斑病又称花生褐纹病、云斑纹病、污斑病、网斑纹病。一般植株下部叶片先发病，开花期在叶片上产生圆形至不规则形的黑褐色小斑，病斑周围有褪绿晕圈，后期在叶片正面形成近圆形褐色至黑褐色大斑，病斑扩大后边缘呈网状不清晰，表面粗糙，着色不均匀，无黄晕；只有当正面病斑充分扩展时，背面才出现褐色斑痕。一般不透过叶片，并在病部生出褐色小点。阴雨连绵时叶面病斑较大，近圆形，黑褐色。叶柄和茎发病时初为褐色小点，后扩展为长条形或椭圆形病斑，中央略凹陷，严重时引起茎叶枯死，后期病部有不明显的黑色小点。常与褐斑病、黑斑病混合发生，引起花生生长后期大量落叶，严重产量影响，如图2-3所示。

图2-3 花生网斑病

一般在花生花期开始发生，河南、河北、山东、辽宁、陕西等省的北方花生种植区，6月上旬开始发病，7—9月为发病盛期。分生孢子借风、雨传播进行初侵染。在花生生长中后期，连续阴雨，病害易于发生和流行，田间湿度大的地块及连作地块易发病。

5 **防病**

二、防治方法

（一）农业防治

选择抗病品种，重病田与玉米、大豆、红薯、棉花等作物轮作，与小麦套种。加强田间管理。施足基肥，增施磷钾肥。7—8月生长旺盛季节，应及时中耕除草，提高植株抗病性。收获时清除病残体。冬季深耕翻土，让日晒和寒霜减少和杀灭病菌源。

（二）药剂防治

在发病初期，当田间病叶率达到5%以上时，及时防治。每亩可选用80%代森锰锌可湿性粉剂60～75克，或用75%百菌清可湿性粉剂700～800倍液，或用25%戊唑醇可湿性粉剂30～40克，或用25%丙环唑乳油30～50毫升等，对水40～50千克均匀喷雾。也可选用10%多抗霉素可湿性粉剂1 000～1 500倍液，或用10%苯醚甲环唑水分散粒剂1 000～2 000倍液，均匀喷雾，亩喷药液40～50千克。隔10～15天喷1次，连喷2～3次。

第三节　花生焦斑病

一、发生症状

花生焦斑病主要为害叶片，也可为害叶柄、茎秆和果柄针。通常产生焦斑和胡椒斑两种类型症状。

叶片染病，多数从叶尖、少数从叶缘开始发病，病斑楔形或半圆形向内发展，初期褪绿，逐渐变黄、变褐，边缘深褐色，周围有黄色晕圈，后变灰褐至深褐色，枯死破裂，如焦灼状。叶片中部病斑初与黑斑病、褐斑病相似，后扩大成近圆形或不规则形褐斑；病斑中央灰褐色或灰色，常有一明显褐色点，周围有轮纹。后期病斑上产生许多小黑点。焦斑病与其他叶部病害混生时，常把其他病斑含在其病斑内。该病常与叶斑病混生，有明显胡麻状斑，常在叶片正面产生许多褐色或黑色小点，不规则至近圆形，甚至凹陷。收获前多雨情况下，该病出现急性症状，叶片上产生圆形或不定型黑褐色水渍状的大斑块，迅速蔓延造成全叶枯死，变黑褐色，并发展到叶柄、茎、果柄上，如图2-4所示。

病菌以菌丝及子囊壳在病残体中越冬，第二年遇适宜条件，产生分生孢子，借风雨传播。适温高湿、雨水频繁的天气有利于发病。植株长势弱或过旺均易发病，田间积水、湿度大、偏施氮肥地块发病重。

图2-4　花生焦斑病

二、防治方法

（一）农业措施

选种抗病品种；实行轮作；及时清除田间病株残体，减少菌源，雨后及时排水；深耕深翻，适时播种，减低密度；增施磷钾肥，增强植株抗病力。

（二）药剂防治

发病初期，当田间病叶率达到10%以上时，及时药剂防治。每亩可选用12.5%烯唑醇可湿性粉剂800～1 500倍液，或用43%戊唑醇悬浮剂5 000～7 000倍液，或用50%腐霉利可湿性粉剂800～1 000倍液防治，相隔10～15天喷1次，病害重的喷2～3次。药剂应交替轮换施用。

第四节　花生白绢病

花生白绢病又称花生白脚病、菌核枯萎病、菌核根腐病。是一种真菌性病害，我国各花生种植区均有发生，主要南方发生，近年来在河南省发生为害逐渐加重，7月下旬至8月下旬为发病盛期。发病后减产严重，甚至绝收。

一、发生症状

花生白绢病主要侵害茎基部，也为害果柄及荚果。病部初呈褐色软腐状，病斑表面长出一层白色绢状菌丝体，常常在近地面的茎基部和其附近的土壤表面先形成白色绢丝，病部渐变为暗褐色而有光泽，叶片枯黄。植株茎基部被病斑环割后，地上部首先叶片发黄，初期在强阳光下则闭合，阴天还可张开，而后逐渐枯死。在高湿条件下，染病植株的地上部可被白色菌丝束所覆盖，然后扩展到附近的土面而传染到其他的植株上。后期病株上形成褐色的菌核。土壤潮湿隐蔽时，病株周围地表也布满一层白色菌丝体，在菌丝体当中形成大小如油菜子一样的近圆形的菌核。发病植株叶片变黄，初期在阳光下则闭合，在阴天还可张开，以后随病害扩展而枯萎死亡，如图2-5所示。

图2-5　花生白绢病

花生白绢病菌在高温高湿条件下开始萌动，侵染花生，沙质土壤、排水不良、低洼地、连续重茬、种植密度过大、阴雨天分别较重。病菌以菌核或菌丝在土壤中或病残体上越冬，一般分布在1~2厘米的表土层中。病菌在田间靠流水或昆虫传播蔓延，种子也能带菌传染。

二、防治方法

加强农业防治为主，必要时采取药剂防治。

（一）农业防治

选用优质抗（耐）病品种。实行合理轮作，重病地块实行水旱轮作，或与小麦、玉米等禾本科作物实行3年以上轮作。加强田间管理。花生收获前清除病株残体，收获后深翻改土，配方施肥，增施锌肥、钙肥、硼肥，合理密植，适时化控。不宜用未腐熟的有机肥。

（二）药剂防治

白绢病发病初期选用240克/升噻呋酰胺悬浮剂20克/亩或40%

氟硅唑乳油40克/亩、25%戊唑醇水乳剂1 500倍液、50%嘧菌酯水分散粒剂或40%丙环唑乳油2 000~2 500倍液，喷淋花生茎基部，7~10天喷1次，连续喷2~3次。

第五节　花生锈病

花生锈病是一种真菌性叶部病害，近年呈蔓延加重趋势。花生各生育期均可发病，以结荚后期发生严重，造成花生减产、出油率下降，一般减产20%~50%。

一、发生症状

花生锈病主要为害花生叶片，也可为害叶柄、托叶、茎秆、果柄和荚果。初期在叶片背面出现针尖大小的疱状白色斑点，叶片正面呈现黄色小点，后期叶背面病斑变圆形、黄褐色，扩大突起为直径0.3~0.6毫米病菌的夏孢子堆，周围有狭窄的黄色晕圈。表皮破裂后露出红褐色粉末物，状似铁锈。病株矮小，叶色变黄，最后干枯脱落，全株枯死，成片时远望如火烧状，收获时果柄易断、落荚。叶片正面的孢子堆比背面的少而小，下部叶片先发病。叶柄、托叶、茎秆、果柄和荚果染病孢子堆与叶上相似，托叶上的孢子堆稍大；叶柄、茎秆和果柄上的孢子堆呈椭圆形，但孢子数量较少。病株较矮小，形成发病中心，提早落叶枯死。一般花期开始发病，自发病到成片枯死，只需1~2周时间。每年一般有5—6月和9月2个发生盛期，如图2-6所示。

锈菌孢子借风、雨传播形成再侵染，或者病虫为害，病菌从伤口侵入植株。氮肥施用过多、种植密度大、通风透光不良、排水条件差，易引起锈病严重发生。高温高湿、温差大利于病菌侵染。

图2-6　花生锈病

二、防控方法

（一）农业防治

选用优质抗（耐）病品种，并合理搭配。实行与小麦、玉米等禾本科作物实行1～2年轮作。加强田间管理。花生收获前及时清除病株残体，清除自生苗，配方施肥，施足基肥，增施磷肥、钾肥、钙肥和有机肥。春花生适当早播，秋花生适当晚播，合理密植。

（二）药剂防治

发病初期每亩可选用12.5%烯唑醇可湿性粉剂20～40克或25%戊唑醇水乳剂25～35毫升或45%咪鲜胺水乳剂30～50毫升，对水40～50千克，均匀喷雾。也可选用4%嘧啶核苷类农用抗生素水剂400～600倍液或10%苯醚甲环唑水分散粒剂1 000～2 000倍液或25%丙环唑乳油1 000～2 000倍液，每亩喷药液40～50克，均匀喷雾。

第六节　花生炭疽病

花生炭疽病在我国花生产区均有发生，但一般为害较轻，产量影响不大，但仍然要引起人们的注意。除为害花生外，还为害茄子、豇豆等作物。

一、发生症状

花生炭疽病主要为害叶片，以下部叶片发病较多。先从叶缘或叶尖发病，病斑沿主脉扩展，褐色或暗褐色，从叶尖侵入的病斑沿主脉扩展呈楔形、长椭圆或不规则形；从叶缘侵入的病斑呈半圆形或长半圆形，病斑褐色或暗褐色，有不明显轮纹，边缘黄褐色，病斑上着生许多不明显小黑点，即病菌分生孢子盘，湿度大时小黑点转为朱红色小点，用放大镜看还隐现黑色刺毛状物，如图2-7所示。

病菌以菌丝体和分生孢子在病株残体遗落土中越冬，发病后病斑上产生分生孢子，通过雨水、昆虫传播进行多次再侵染。高温高湿、排水不良、连作或过量施用氮肥、长势过旺地块往往发病重。

图2-7　花生炭疽病

二、防治方法

（一）农业防治

清除病株残体，深翻土地。重病区注意选用抗病品种；实行与小麦、玉米等禾本科作物轮作；合理密植，增施磷钾肥，雨后及时清沟排水。

（二）药剂防治

发病初期，选用80%炭疽福美可湿性粉剂500～600倍液，喷雾防治。结合其他叶斑病防治，交替轮换使用药剂，可选用：12.5%烯唑醇可湿性粉剂20～40克，或用25%溴菌腈可湿性粉剂600～800倍液，或用10%苯醚甲环唑水分散粒剂1 000～2 000倍液，或用40%氟硅唑乳油5 000倍液，均匀喷雾，连喷2～3次，隔7～15天喷施1次。

第七节　花生青枯病

花生青枯病是土传病害，是典型的维管束病害，植株一旦发病，基本难以控制，俗称"花生癌症"。我国主要花生产区均有分布，以长江流域，山东、江苏等省发病重，从苗期到收获期均可发生，以花生开花初期至结荚盛期发病最重，病株常整株枯死。除花生外，还为害番茄、辣椒、萝卜、马铃薯、西瓜、芝麻等作物。

一、发生症状

花生青枯病主要侵染根部，使主根根尖变褐软腐，根瘤墨绿色。病菌从根部维管束向上扩展至植株顶端。横切根茎部呈环状排列的维管束变成深褐色，用手捏压时溢出浑浊的白色细菌脓液。初发病时早晨叶片张开延迟，傍晚提早闭合，主茎顶梢第一、第二叶片先萎蔫，侧枝顶叶暗淡萎垂，1~2天后全株叶片急剧凋萎，叶片暗淡，但仍呈青绿色。植株从感病到枯死需7~15天，植株上的荚果、果柄呈黑褐色湿腐状。发病至枯死一般7~15天，严重时2~3天可全株枯死，对产量影响极大，如图2-8所示。

花生开花初期至结荚盛期发病最重，北方花生产区发病盛期在6月下旬至7月上旬，中部花生产区在6月，南方花生产区春花生在5—6月，秋花生在9—10月。

花生青枯病菌主要在土壤中、病残体及未拆分腐熟的堆肥中越冬，在田间主要靠土壤、流水、农具、人畜和昆虫传播，进行再侵染。病菌能在土壤中存活1~8年，一般3~5年仍保持致病力。

图2-8　花生青枯病

二、防治方法

（一）农业防治

实行水旱轮作或花生与小麦、玉米、水稻、谷子、甘薯等轮作，避免与茄科、豆科、芝麻等作物连作；及时清除田间病残体，集中处理；加强田间管理，合理肥水管理，增施磷肥、钾肥、钙肥、硼肥，增强植株长势；酸性土壤可施用石灰，降低土壤酸度，减轻病害发生。

（二）药剂防治

花生始花期或发病初期，可选用20%噻菌铜悬浮剂、56.7%氢氧化铜水分散粒剂300～500倍液、3%中生菌素可湿性粉剂600～800倍液，或用41%乙蒜素乳油60～75毫升、2%氨基寡糖素水剂200毫升，对水50～60千克，喷淋花生茎基部。连喷3～4次，隔7～10天喷施1次。

第八节　花生疮痂病

花生疮痂病在花生生长期间非常常见，常引起植株矮缩，叶片变形、皱缩、扭曲。花生整个生育期均可发病，盛期发生在下针结荚期和饱果成熟期。严重影响花生产量和质量。

一、发生症状

花生疮痂病主要为害叶片、叶柄及茎部。染病初期，患病部位均表现木栓化疮痂状，高温时病部隐约可见橄榄色的薄霉层。初期叶两面产生近圆形针刺状的褪绿色小斑点，后形成直径1～2毫米的近圆形至不规则形病斑，中间稍凹陷、淡黄褐色，边缘红褐色，干燥时破裂或穿孔。随着病害发展，叶片背面病斑锈褐色，在叶脉附近常连成短条状，表面粗糙，呈木栓化。嫩叶上病斑多时，全叶常皱缩畸形。叶柄、茎部和果柄染病，病斑卵圆形至短梭状，褐色至红褐色，中部下陷，边缘稍隆起，有的呈典型

"火山口"状，斑面龟裂，木栓化粗糙更为明显。病害严重时，疮痂状病斑遍布全株，使植株呈烧焦状，植株明显矮化或弯曲生长，扭曲似"S"形状，导致植株死亡，如图2-9所示。

病菌具有潜伏期短、再侵染频率高、孢子繁殖量大等特点，孢子借风雨、土壤传播，也可借带病荚果传播。该病菌只侵染花生，不侵染其他豆科植物。一般在6月中下旬开始发病，7—8月为发病盛期。高温高湿、温差大利于病害蔓延。

图2-9　花生疮痂病

二、防治方法

（一）农业防治

选种抗病品种；重病田与玉米、甘薯等非寄生作物实行3年以上轮作；及时清除田间病残体；雨后及时排水，合理密植，保证通风透气；加强田间管理，适当增施磷钾肥，增强植株长势。

（二）药剂防治

发病初期，结合叶斑病及早喷药预防。每亩可选用25%丙环唑乳油30～50毫升，或用40%氟硅唑乳油8～10毫升，或用12.5%烯唑醇可湿性粉剂1 000～2 000倍液，或用80%乙蒜素乳油800～1 000倍液，或用25%吡唑醚菌酯乳油4 000～6 000倍液；中后期选用：

10%苯醚甲环唑水分散粒剂2 000倍液，或用10%已唑醇悬浮剂1 500倍液，均匀喷雾，连喷2～3次，间隔10～15天喷施1次。

第九节　花生茎腐病

花生茎腐病俗称烂脖子病，是一种花生毁灭性病害。在苗期、结果期形成2个发病高峰。感病后很快枯萎死亡，后期发病，果荚不实或腐烂发芽，造成严重损失，一般田地发病率为20%～30%，严重者达到60%～70%，发病越早损失越大。特别是连作多年的花生地块，甚至成片死亡。该病还可为害棉花、甘薯、豆类、柑橘等20多种作物。

一、发生症状

花生茎腐病主要为害花生的茎基部、根部、子叶和荚果，发病部位多在与表土层交界的根茎和茎基部。苗期感病，先侵染子叶，变黑褐色，呈干腐状，而后蔓延到茎基部，产生黄褐色、水渍状不规则形病斑，引起根基组织腐烂。成株期感病后，先在主茎和侧枝的基部产生黄褐色水渍状略凹陷的病斑，后上下扩展，茎基部变黑褐色，病部以上萎蔫枯死，地下荚果腐烂、脱落。病株10～30天全株枯死，发病部位多在茎基部贴近地面，有时也出现主茎和侧枝分期枯死现象。当潮湿环境时，病部产生许多小黑点，腐烂，表皮易剥落，病株易从地面发病部位折断；当环境干燥时，病部表皮呈琥珀色凹陷，紧贴茎上，如图2-10所示。

花生茎腐病病菌主要在种子和土壤中的病残株上越冬，成为第二年发病的来源。病株的荚果壳作为饲料，牲畜的粪便以及混有病残株所积造的土杂肥也能传播蔓延。主要是靠田间雨水径流、大风和农事活动传播。在多雨潮湿年份，特别是收获季节遇雨，收获的种子带菌率较高，是病害的主要传播者，种子调运可远距离传播。

北方春花生一般5月下旬至6月上旬开始发病，在6月中上旬和8月下旬出现两个发病高峰。

图2-10 花生茎腐病

二、防治方法

（一）农业防治

选种抗（耐）病品种；与禾谷类等非寄生作物合理轮作轮作3～4年，不与棉花、甘薯及豆类等寄主作物轮作；花生收获后及时清除病残株，并进行深翻，精细整地。施足基肥，施用腐熟的农家肥；雨后及时排水。

（二）药剂防治

播种前用药拌种可以减轻发病，花生齐苗后和开花前是防治关键时期。

可选用25克/升咯菌腈悬浮种衣剂10毫升加水0.1千克均匀拌

种5~8千克，晾干后播种；或者用50%多菌灵100毫升加水拌种20千克。

花生齐苗后和开花前可选用63%申嗪·噁霉灵悬浮剂60克/亩，或用70%甲基硫菌灵可湿性粉剂600~800倍液，或用25%咪鲜胺乳油600~800倍液，或用80%乙蒜素乳油800~1 000倍液等喷淋茎基部。发病严重时，间隔7~10天防治1次，连续防治2~3次，交替用药。

第十节　花生根结线虫病

花生根结线虫病又称花生根瘤线虫病，俗称地黄病、矮黄病、黄秧病等，是一种花生毁灭性病害。凡是花生入土部分（根、荚果等）都能受线虫为害。花生整个生长期均可发病，感病后根吸收功能被破坏，植株矮小发黄，结果少或不结果，还易引发根腐病、果腐病等。一般减产20%~30%，严重的可减产70%，甚至绝收。

一、发生症状

花生根结线虫病主要为害植株的地下部，因地下部受害引起地上部生长发育不良。主要为害根系，也可为害果壳、果柄和根茎等。

幼苗被害，一般出土半个月后即可表现症状，植株萎缩不长，下部叶变黄，始花期后，整株茎叶逐渐变黄，叶片小，底叶叶缘焦灼，提早脱落，开花迟，病株矮小，似缺肥水状，田间常成片成窝发生。雨水多时，病情可减轻。

花生播种半个月后，当主根开始生长时，线虫便可侵入主根尖端，使之膨大形成纺锤形或不规则形表面粗糙的瘤状根结，初期为乳白色，后变为黄褐色，直径一般2~4毫米。以后在根结上长出许多细小的须根，须根尖端又被线虫侵染形成次生根结，经这样多次反复侵染，至盛花期全株根系就形成乱丝状的须根团。被害主根畸形歪曲，停止生长，根部皮层往往变褐腐烂。果壳、果柄和根茎受害，有时也可形成根结，幼果壳上呈为乳白色，后变为褐色疮痂状，果柄和根茎上呈葡萄穗状，如图2-11所示。

图2-11　花生根结线虫病

线虫侵入根部，使根尖膨大变为纺锤形或不规则的根结，初呈乳白色，后变淡黄色至深褐色，表面粗糙。此外在根茎、果柄和果壳上有时也能形成根结。

注意线虫根结与固氮菌根瘤的区别：线虫根结常生在根尖端，使根端膨大呈纺锤形或不规则形，表面粗糙，并长出许多须根，剖视内部有乳白色针头大小的粒状或梨状线虫；而有固氮作用的根瘤常生在主、侧根的一侧，圆形或椭圆形，黄豆大小，比较均匀，表面光滑，不生须根，剖开或压碎后流出红色、褐色或绿色汁液，如图2-12所示。

图2-12　固氮菌根瘤与线虫根结比较

病原线虫有3个种：花生根结线虫、北方根结线虫和爪哇根结线虫。以北方根结线虫为主，可侵染蔬菜、豆类、瓜类、油料作物、果类、甜菜、马铃薯等550余种植物；花生根结线虫可侵染蔬菜、禾谷类、果类、甜菜、马铃薯、烟草、棉花等330余种植物。

病原线虫在土壤中的病根、病果壳及粪肥中越冬。第二年气温回升，卵孵化变成1龄幼虫，蜕皮后为2龄幼虫，然后出壳活动，从花生根尖处侵入。线虫主要分布在40厘米土层内，在土壤中可随水分上下移动，但整个生长季节一般只有20～30厘米。主要靠病田土壤传播，也可通过流水、风雨、粪肥、农事操作等传播，调运带病荚果可引起远距离传播。干旱年份易发病，雨季早、雨水大，植株恢复快发病轻。沙壤土或沙土，瘠薄土壤发病重。

二、防治方法

（一）加强检疫

保护无病区，不从病区调运花生种子；如确需调种时，应在当地剥去果壳，只调果仁，并在调种前将其干燥到含水量10%以下，在调运其他寄主植物时，也应实施检疫。

（二）农业防治

（1）选用抗病品种、无病种子。

（2）轮作倒茬，与小麦、玉米、高粱、甘薯等禾本科作物轮作2～4年，轮作年限越长越好。

（3）清除侵染源。收获时清除病根，并将病土犁翻、曝晒，病株、病根、病果要集中处理，清除田内外杂草寄主。

（4）增施腐熟有机肥，减少化肥用量。改善灌溉条件，修建排水沟，忌串灌，防止水浇传播。

（三）药剂防治

1. 生物防治

每亩可选用5亿活孢子/克淡紫拟青霉颗粒剂3～5千克，或用2.5亿个孢子/克厚孢轮枝菌微粒剂3～6千克，或用1.5%阿维菌素颗粒剂2～3千克等，拌细土20～25千克，撒施于播种沟或穴内。花生团棵期，选用10亿CFU蜡质芽孢杆菌/毫升悬浮剂5～8升，或用0.5%氨基寡糖素水剂1.5～2.5升，或用3%阿维菌素微囊悬浮剂1～2升等，对水200～400千克灌根。

2. 化学防治

播种前20厘米深土层内线虫密度达到幼虫（卵）30条（粒）/千克土壤时，要及时进行化学防治。

土壤处理：播种时每亩用阿维·吡虫啉颗粒剂1.5～3千克加细土20～25千克拌匀撒施于播种沟或穴内，覆土后播种。

药剂灌根：花生出苗后1个月时，每亩用25%阿维·丁硫水乳剂1 000~2 000倍液，或用25%丁硫·甲维盐水乳剂1 000~2 000倍液等灌根，每穴浇灌药液0.2~0.3千克。

第十一节　花生病毒病

花生病毒病是花生的主要病害之一，严重影响着花生的产量和品质，在中国北方生产区，尤为严重。花生病毒病使籽仁变小，带紫斑污斑，降低了商品价值，还严重降低产量，苗期发病早，普遍的一般减产20%~30%。花生病毒病主要有条纹病毒病、黄花叶病毒病、矮化病毒病、斑驳病毒病、芽枯病毒病等，以条纹病毒病流行最广。感病后往往全株表现症状，常常是几种病毒病混合发生，表现叶片上出现黄化斑驳、绿色条纹、坏死、畸形、植株矮化等症状，往往混合发生，不易区分。近年来，花生病毒病有日益加重的趋势。

一、发生症状

（一）花生条纹病毒病

花生条纹病毒病又称花生轻斑驳病毒病。发病后先在顶部嫩叶上出现褪绿斑，呈斑驳状，后沿叶脉形成黄绿相间的断续的绿色条纹或橡叶状花斑，或一直呈系统性的斑驳症状。植株稍矮化，叶片不明显变小。该症状与花生斑驳病毒病症状相似，有时2种或3种病毒病复合侵染，产生以花叶为主的复合症状，如图2-13所示。

带毒花生种子是主要初侵染源，通过花生蚜、豆蚜、棉蚜等传毒，且传毒效率较高。生产上由于种子传毒形成病苗，田间发病早，花生出苗后10天即见发病，到花期出现发病高峰。该病发生程度与气候及蚜虫发生量正相关。花生出苗后20天内的雨量是影响传毒蚜虫发生量和该病流行的主要因子。

图2-13　花生条纹病毒病

（二）花生黄花叶病毒病

花生黄花叶病毒病又称花生花叶病。花生出苗后即见发病，初在顶端嫩叶上现褪绿黄斑，叶片卷曲，后发展为黄绿相间的黄花叶、网状明脉和绿色条纹等症状，病株中度矮化。该病害典型黄花叶症状易与其他花生病毒病相区别，但常和花生条纹病毒病混合发生，症状不易区分，如图2-14所示。

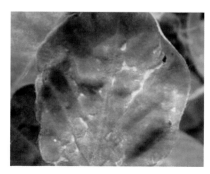

图2-14　花生黄花叶病毒病

病毒通过带毒花生种子越冬，成为第二年病害主要初侵染源。种传病苗出土后即表现症状，田间靠蚜虫传播扩散。在病害流行年份，早在花生花期即可形成发病高峰。种子带毒率直接影响病害的流行程度。带毒率越高，发病越严重。蚜虫发生早、发生量大，病害流行就严重。花生苗期降水量、温度与这一时期蚜虫发生、病害流行密切相关。

（三）花生矮化病毒病

花生矮化病毒病又称花生普通花叶病，典型症状为节间缩短、叶片变小、褪绿、畸形。初在顶端嫩叶出现褪绿斑，随后发展成浅绿与绿色相间的普通花叶症状，沿侧脉现辐射状绿色小条纹和斑点，叶片变窄小，叶缘波状扭曲，病株常中度矮化，荚果发育明显受阻，形成很多小果和畸形果。后期该病也与花生斑驳病毒病混合发生，混合为害，如图2-15所示。

图2-15　花生矮化病毒病

花生矮化病毒病主要传播介体为花生蚜、豆蚜、桃蚜。种子带病率也较高。

（四）花生斑驳病毒病

整株系统性侵染病害，初期在上部嫩叶形成深绿与浅绿相嵌的斑驳、斑块或黄褐色坏死斑，常在叶片中部或下部沿中脉两侧形成不规则形或楔形、箭戟形斑驳，也有的在叶片上部边缘现半月形的斑驳，与周围绿色组织相间呈现为斑驳状花叶。发病轻的病株有时叶缘微向上卷，入夏后高温时症状常隐退而不易识别。重病株则明显矮化，萎缩瘦弱，开花结荚减少，如图2-16所示。

图2-16　花生斑驳病毒病

花生斑驳病毒病主要以种子带毒。发病地块收获的花生种子带毒率为2%～28%。带病种子播种后，条件适宜发病，形成的病苗为田间病毒的来源。病毒在田间主要由蚜虫传播。传毒蚜虫主要是花生蚜、桃蚜，为非持久性传毒。自然侵染寄主除花生外，还有菜豆、大豆、豌豆、豇豆等。

（五）花生芽枯病毒病

花生芽枯病毒病主要为害作物：可系统侵染番茄、花生、绿豆、大豆、豌豆、辣椒、普通烟、芝麻等，引致花叶、环斑、坏死等症状。该病主要为害部位是叶片和新生芽。发病后病株顶端叶片出现很多伴有坏死的褪绿环斑或黄斑，常沿叶柄或顶端表皮下的维管束变为褐色坏死或导致顶端枯死，顶端生长受抑，严重的节间短缩、叶片坏死，植株矮化明显，如图2-17所示。

图2-17　花生芽枯病毒病

与其他花生病毒病不同，花生芽枯病毒病主要由花生田蓟马传播。

二、防治方法

花生病毒病提倡采用以选用无毒种子和消灭蚜虫、蓟马等传毒介体防传毒为主的绿色防控措施。

（一）农业防治

选用抗病性强、感病轻和种传率低的品种，并且选择大粒子仁作种子。推广地膜覆盖栽培技术，选用银灰色地膜驱避蚜虫。实行花生与玉米等高秆作物间作。及早拔除病株，清除周围杂草及寄主植物。及时诱杀传毒虫媒。搞好病害检疫，禁止从病区调种。

（二）药剂防治

及时防治蚜虫、蓟马等传毒介体，是预防花生病毒病的有效措施，防治病毒病的药剂与杀虫剂混用，可显著提高防治效果。在发病前或发病初期，可选用每亩用8%宁南霉素水剂80～100毫升，20%盐酸吗啉胍可湿性粉剂200克、2%氨基酸寡糖素水剂200毫升，加水30～40千克均匀喷雾。每隔7～10天喷施1次，连喷3～4次。

第三章
花生主要害虫

第一节　主要地上害虫

一、蚜虫

（一）为害症状

蚜虫俗称腻虫、蜜虫，是花生产区的一种常发性害虫，繁殖力很强，一年能繁殖10～30个世代，世代重叠现象突出。蚜虫自花生种子发芽到收获期均可为害，以花期前后为害最重。蚜虫体小而软，大小如针头。在成虫和若虫群集在幼茎、嫩芽、嫩叶、花朵及果针等部位吸食汁液，使花生叶片叶片卷缩、黄化，生长缓慢或停止，植株矮小，影响开花下针和正常结实。蚜虫排出的大量蜜汁，引起真菌寄生，使茎叶变黑，能致全株枯死。蚜虫是花生病毒病的重要传播媒介，除自身为害外，往往带来暴发性的病毒病，导致减产严重，如图3-1所示。

花生蚜虫主要以无翅胎生雌蚜和若蚜在背风向阳的山坡沟

边、路旁的荠菜等十字花科和地丁等豆科杂草或冬豌豆上越冬，少量以卵越冬。翌年3月上中旬在越冬寄主上滋生，3月中下旬当地温回升到14℃时，产生大批有翅蚜，先后向荠菜、春豌豆等寄主植物上迁飞，形成第一次迁飞顶峰。

图3-1　蚜虫

4月中下旬花生出土后，田间的荠菜等寄主植物延续老熟枯败，又产生大批有翅蚜，向花生田迁飞，形成第二次迁飞顶峰。进入5月中旬，随着气温的升高，气候条件有利于蚜虫滋生，大批有翅蚜在花生田内外蔓延，形成第三次迁飞顶峰。在干旱、少雨、高温的适宜条件下，蚜虫滋生很快，通常4~7天就能完成1代，田间虫口密度剧增。这是蚜虫为害花生最猖狂的时期，也是花生病毒病发生的顶峰期。花生收获后，有翅蚜又从花生落粒自生苗和菜豆上移向荠菜等寄主上为害和越冬。

（二）防治方法

1. 农业防治

合理邻作，花生田周围避免种植豌豆等寄主植物。加强田间管理，适时播种，合理密植，及时铲除田间及周边越冬寄主。花生属喜钾作物，故底肥可施氮磷钾复合肥。花生田多为砂壤土，保水性能差，应适时排灌。覆膜栽培。覆膜花生保水、保温、保肥性能好，能减少病虫害的为害，可提早收获。

2. 物理防治

（1）使用银灰膜覆盖反光驱蚜。由于蚜虫对银灰色有负趋性，播种后出苗前使用银灰膜覆盖，具有明显的反光驱蚜作用，可有效减轻花生苗期蚜虫的发生为害。

（2）黄板诱杀。由于蚜虫对橘黄色有正趋性的习性，在有翅蚜迁飞期，可以在田间悬挂黄色粘板进行诱杀。

3. 生物防治

保护和利用天敌。花生蚜虫的天敌种类多，控制效果比较明显，在使用药剂防治蚜虫时应避免在天敌高峰期使用。当瓢虫与蚜虫比例达到1∶（80～100）时，可利用天敌控制蚜虫，不需施药。有条件的地方使用蚜茧蜂、异色瓢虫等进行生物防治。生物制剂可选用1.5%苦参碱可溶液剂30～40毫升，或用0.6%烟碱·苦参碱油60～120毫升，或用1.8%阿维菌素乳油2 000～4 000倍液，均匀喷雾，7～10天防治1次，连续防治2～3次。

4. 化学防治

花生苗期蚜虫的防治宜早不宜晚。在花生齐苗后，用10%吡虫啉1 000倍液、25%吡蚜酮悬浮剂1 500～2 000倍液或50%的辛硫磷1 500倍液均匀喷雾，兼治蓟马、粉虱等。喷药时重点喷叶面和叶背，并注意喷匀。

二、叶螨

（一）为害症状

叶螨俗称红蜘蛛、黄蜘蛛、白蜘蛛，是花生的重要害虫之一。叶螨主要种类有朱砂叶螨、二斑叶螨、截形叶螨等，北方优势种是二斑叶螨，南方优势种是朱砂叶螨。

以成螨、若螨多聚集在叶背面刺吸汁液，破坏叶绿素，影响叶片的光合作用。叶片正面初为灰白色斑点，边缘向背面卷缩，逐渐变黄，成螨、若螨吐丝结网，在网内为害。严重时，叶片表面有一层白色丝网，茎叶片被连接在一起，造成叶片皱缩、干枯脱落，植株枯死，荚果干瘪，大量减产，如图3-2所示。

图3-2　叶螨

叶螨1年发生10～20代，以雌成螨在草根、枯叶及土缝或树皮裂缝内吐丝结网群集潜伏越冬。可借风力、流水、昆虫、鸟兽和农具进行传播，或随植物的运输而扩散。一般在4月下旬至5月上旬迁入花生田为害，6—7月为发作盛期，对春花生可形成部分为害，6—8月进入棉田盛发期。8月若气候干旱可再次大发生。9月中下旬花生收获后迁往冬季寄生，10月下旬开始越冬。

（二）防治方法

1. 农业防治

因地制宜选育和种植抗虫品种。合理间作轮作。提倡与非寄主植物进行轮作，避免与豆类、瓜类进行轮作。加强田间管理，科学施肥，提高植株抗性；合理灌溉，防止过干过湿；田间叶螨大发生时及时拔除被害株；收获后及时清除田间病残体以及田间、周边杂草。

2. 生物防治

保护与利用天敌。叶螨的天敌有很多，如食螨瓢虫、草蛉、草间小黑蛛等。这些天敌对花生叶螨分别起着不同程度的抑制作用。

3. 化学防治

在卵孵化盛期用Bt乳剂（100亿孢子/毫升）1 000倍液喷雾，在1～2龄幼虫高峰期用20%虫酰肼悬浮剂1 000～1 500倍液，20%氯虫苯甲酰胺悬浮剂2 000～3 000倍液，或用5%甲维盐5 000～8 000倍液，或用1.8%阿维菌素乳油3 000～5 000倍液，或用20%哒螨灵乳油1 000倍液等均匀喷雾。如果虫害严重，喷药时加入农药渗透剂可以有效提高防治效果。每隔5～7天喷施1次，连续2～3次，注意轮换使用农药，避免害虫产生抗药性。

三、棉铃虫

（一）为害症状

棉铃虫俗称钻心虫，不仅为害棉花、玉米等，也可为害茄果类（特别是番茄）等蔬菜作物。棉铃虫为害花生，幼虫主要取食幼嫩叶片，也可为害嫩茎、叶柄、花、果针等。初孵幼虫当天栖息在叶背不食不动，第三天2龄后吐丝缚住未张开的嫩叶，开始蛀食叶肉，或在顶端未展开叶内隐蔽取食，叶片仅剩透明的下表皮，呈天窗状；3龄后幼虫裸露取食上部嫩叶，叶片出现孔洞、缺刻；4龄后加入暴食期，食光叶片，只剩叶柄，呈光秆，如图3-3所示。

棉铃虫以蛹在土壤中越冬，一年发生3～8代，自北而南逐渐增加。在田间有龄期不齐、世代重叠现象。主要发生期为6月下旬至8月上旬。

图3-3 棉铃虫

（二）防治方法

1. 农业防治

深耕冬灌，消灭越冬蛹；麦收后及时中耕灭茬，消灭一代蛹；加强田间管理，适当控制后期灌水及氮肥用量；及时清除杂草。

2. 物理防治

成虫发生期，使用频振式杀虫灯诱杀成虫，同时，诱杀金龟子、地老虎、甜菜夜蛾等害虫。在花生田悬挂性诱剂诱杀成虫。1～2代成虫时，可在花生田里摆放60厘米长的带叶杨树枝诱杀，7～8枝捆成1把，每晚每亩放10～15把，分插于行间，次日早晨捕杀。

3. 生物防治

注意保护利用天敌，棉铃虫有很多的天敌，可以利用天敌进行防治，如草蛉、蜘蛛类、赤眼蜂、胡蜂，等等，在卵盛期通过人工释放赤眼蜂2～3次，每次1.5万头，使其达到防治的效果。

4. 化学防治

花生田棉铃虫应以2～3代幼虫为防治重点，防治适期为卵孵盛期至2龄幼虫期，以卵孵盛期喷药效果最佳。可选用含孢子量100亿/克以上的Bt制剂500～800倍液喷雾，或用1.8%阿维菌素乳油

2 000 ~ 3 000倍液喷雾，或用8 000IU/毫克苏云金芽菌可湿性粉剂
200 ~ 300克，或用10亿PIB/克棉铃虫核型多角体病毒可湿性粉剂
80 ~ 100克，或用25%灭幼脲悬浮剂1 500 ~ 2 000倍液，均匀喷雾。

四、斜纹夜蛾

（一）为害症状

斜纹夜蛾俗称夜盗虫，是一类杂食性和暴食性害虫，为害寄
主相当广泛，除十字花科蔬菜外，还可为害粮食、棉麻、油料、蔬
菜、林果、中药材、花卉等近100科、300多种植物。因成虫前翅具
有许多斑纹，中有一条灰白色宽阔的斜纹，故得名斜纹夜蛾。

斜纹夜蛾为害花生，以开花下针期为害最重，幼虫咬食叶
片，也可为害幼嫩茎秆、叶柄、花及果针。3龄前啮食叶背下表皮
及叶肉，仅留上表皮或叶脉，呈纱窗透明状；4龄以后进入暴食
期，咬食叶片，吃成缺刻或孔洞，严重时吃光叶片，仅留主脉，
呈扫帚状，如图3-4所示。

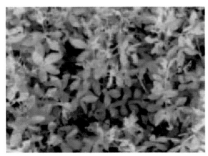

图3-4　斜纹夜蛾

斜纹夜蛾一年发生3 ~ 9代，由北向南逐渐增多，世代重叠严
重。多以蛹在土壤中越冬，少数以老熟幼虫在土缝、枯叶、杂草
中越冬。长江以北地区多不能安全越冬。

（二）防治方法

1. 农业防治

清除杂草，收获后翻耕晒土或灌水，以破坏或恶化其化蛹场所。结合管理随手摘除卵块和群集为害的初孵幼虫，以减少虫源。增施磷钾肥，合理密植。

2. 物理防治

在花生田悬挂性诱剂诱杀成虫。点灯诱蛾，利用成虫趋光性，于盛发期点黑光灯诱杀。糖醋诱杀，利用成虫趋化性配糖醋（糖∶醋∶酒∶水=3∶4∶1∶2）诱蛾。

3. 生物防治

注意保护利用天敌，斜纹夜蛾有很多的天敌，可以利用天敌进行防治，如小茧蜂、寄生蝇、步行虫以及多角体病毒、鸟类等，在卵盛期人工释放赤眼蜂，可减轻为害。在卵孵化盛期至低龄幼虫盛期，喷洒生物药剂：每亩可选用400亿个孢子/克球孢白僵菌可湿性粉剂25～30克，16 000IU/毫克苏云金杆菌可湿性粉剂125～250克，10亿PIB/克斜纹夜蛾核型多角体病毒可湿性粉剂40～80克等对水40～60千克，均匀喷雾。或选用25%灭幼脲悬浮剂1 500～2 000倍液，或用2%甲氨基阿维菌素苯甲酸盐乳油1 500～2 000倍液等，均匀喷雾，亩喷药液40～60千克。

4. 化学防治

防治适期为卵孵盛期至3龄幼虫期，一般在卵高峰后5天左右喷药。可选用25克/升溴氰菊酯乳油20～40毫升，或用10%联苯菊酯乳油1 000～1 500倍液，或用240克/升虫螨腈悬浮剂1 000～2 000倍液，喷药1～3次，隔7～10天喷施1次，喷匀喷足。

五、甜菜夜蛾

甜菜夜蛾又称贪夜蛾，是一种世界性顽固害虫，以江淮、黄海流域为害最严重。甜菜夜蛾是一种暴食性、多食性、间歇性大发作的害虫，为害寄主相当广泛，有粮食、棉麻、油料、蔬菜、林果、中药材、花卉等170多种植物。

（一）为害症状

甜菜夜蛾为害花生，幼虫主要取食叶片，也可为害嫩茎、花及果针。初孵幼虫群集叶背或心叶内，吐丝结网，在网内取食叶肉，留下表皮，形成透明天窗状小孔；3龄后分散为害，将叶片吃成缺刻或孔洞，严重时吃光叶片，仅剩叶脉和叶柄，造成幼苗死亡，如图3-5、图3-6所示。

图3-5　甜菜夜蛾

图3-6　甜菜夜蛾为害叶片症状

甜菜夜蛾一年发生3～11代，由北向南逐渐增加，发生盛期时有世代重叠现象。通常多以蛹、少数以老熟幼虫在土室内越冬。华南地区无越冬现象，可终年繁殖为害。

甜菜夜蛾的幼虫可以成群迁移为害，有2个特性：一种是会假死；另一种是昼伏夜出，一般是20:00—23:00和5:00—7:00活动，白天会潜在杂草、土块、土壤、枯枝落叶等场所。

（二）防治方法

1. 农业防治

合理轮作避免与寄主植物轮作套种，清理田园、去除杂草落叶，降低虫口密度。秋季深翻、冬季灌冻水，杀灭大量越冬蛹。早春铲除田间地边杂草，消灭杂草上的初龄幼虫。在虫卵盛期结合田间管理，早晨、傍晚人工捕捉大龄幼虫，抹杀孵卵块和幼虫群。

2. 物理防治

成虫始盛期，在大田安置黑光灯、高压汞灯及频振式杀虫灯诱杀成虫。配制糖醋液诱杀成虫，糖醋液比例为：糖∶醋∶酒∶水=3∶4∶1∶2。各代成虫盛发期用杨柳枝把诱捕成虫。利用性诱剂诱杀成虫，每亩1～2个诱捕器，30～40天更换1次诱芯。

3. 生物防治

利用天敌预防和防治，甜菜夜蛾的天敌主要有赤眼蜂、草蛉、蜘蛛、步甲等，在卵盛期人工释放赤眼蜂。在卵孵化盛期至低龄幼虫期，喷洒生物药剂：每亩可选用30亿PIB/克甜菜夜蛾核型多角体病毒悬浮剂20～30毫升，或用32 000IU/毫克苏云金杆菌可湿性粉剂40～60克，或用3%甲氨基阿维菌素苯甲酸盐微乳剂4 000～5 000倍液等。

4. 化学防治

甜菜夜蛾低龄幼虫在网内为害，很难接触药液，3龄以后抗药性增强，因此，药剂防治难度大，应掌握其卵孵盛期至2龄幼虫盛期开始喷药。药剂可选用20%甲维·甲虫肼悬浮剂30～40克/亩，或用20%氯虫苯甲酰胺悬浮剂4 500倍液，每亩药液50千克，或用3.2%甲维·氯氰微乳剂，亩用制剂50～60毫升，或用10.5%甲维盐虫酰肼乳油，每亩30～50毫升，对水喷雾。注意喷雾时容易使幼虫假死落地，除注意喷洒到叶背外，还应注意地面。酌情施用1～3次，隔7～10天喷施1次。宜在清晨或傍晚幼虫外出取食活动时施药。注意不同作用机理的药剂轮换使用，以延缓抗药性的产生和发展。

六、蓟马

（一）为害症状

蓟马种类繁多，分布广泛。为害花生的主要有茶黄蓟马、端带蓟马。端带蓟马又称端大蓟马、花生蓟马、豆蓟马。蓟马成虫体长1毫米左右，黄棕或黑棕色，卵长0.2毫米，长椭圆形，淡黄色。蓟马成虫与若虫主要为害花生嫩叶，也可为害老叶、嫩茎、花器、叶柄等。一般群集于未张开的复叶内或叶背，以锉吸式口器穿刺锉伤花生叶片与花的叶片组织，吸食花生汁液营养，花生心叶受害后叶片变的细长且皱缩不展，形成"兔耳状"，出现褐色斑纹。轻则对花生的营养生长和生殖生长产生影响，重则花生生长停滞，矮小黄弱。花生的花朵受害后则会不受粉不结实。症状类似病毒病，如图3-7、图3-8、图3-9所示。

蓟马个体小，行动敏捷，成虫与若虫有群居性、避光趋湿习性，阴天、早晨、傍晚或夜间在叶面活动，午间多栖息于荫蔽处。成虫极活跃，善飞能跳，可借自然力迁移扩散。

除花生外，还为害四季豆、豌豆、蚕豆、丝瓜、胡萝卜、白菜、油菜等十字花科蔬菜，草莓、葡萄、小麦、水稻、苜蓿、紫云英等。

图3-7　花生蓟马

图3-8　蓟马为害症状

图3-9　蓟马为害叶片症状

（二）防治方法

1.农业防治

早春及时清理田园，去除杂草落叶，降低虫源。及时翻耕土地，适时中耕，合理灌溉，杀死地表蛹。加强肥水管理，促使花生生长健壮。

2. 物理防治

利用茶黄蓟马对绿色、黄色有强烈趋性的特点，采用黄色或绿色粘板诱杀，每亩可放置25厘米40厘米黏板30块，悬挂高度与花生株高平。

3. 生物防治

利用天敌预防和防治，保护利用蜘蛛、捕食螨、瓢虫和捕食性蓟马等，控制蓟马。生物药剂可选用：每亩0.3%苦参碱水剂100~200毫升，或用6%鱼藤酮微乳剂1 000~1 500倍液，或用1.8%阿维菌素乳油2 000~4 000倍液等，均匀喷雾。

4. 化学防治

每亩可选用600克/升吡虫啉悬浮剂4~6毫升，或用2.5%溴氰菊酯乳油20~40毫升，或用10%溴氰虫酰胺悬浮剂40~50毫升，或用5%啶虫脒乳油1 000~1 500倍液，或用2.5%联苯菊酯乳油1 500~2 000毫升，连续防治2~3次，间隔7~10天防治1次。要在下午晚些时候施药，因为白天见不到虫体，药效不好。

第二节　主要地下害虫

一、蛴螬

（一）为害症状

蛴螬是金龟甲幼虫的总称，又称白土蚕、核桃虫。体型弯曲呈"C"形，多为白色，少数为黄白色。成虫通称金龟甲或金龟子，是为害花生产量的最主要地下害虫。按其食性可分为植食性、粪食性、腐食性3类，其中，植食性蛴螬食性广泛，喜食多种农作物的种子、根、块茎以及幼苗，是世界性的地下害虫。我国为害花生的蛴螬有50多种，以大黑鳃金龟甲、暗黑鳃金龟甲和铜绿丽金龟甲等为害最重。除花生外，还为害大豆、甘薯、小麦、玉米、蔬菜等多种农作物。

蛴螬为害花生，幼苗期取食花生刚萌芽的种子、咬断幼苗根茎，断口整齐平截，造成幼苗枯死、断垄或毁种；生长后期蛀食荚果或咬断主根，造成花生烂果、空壳或死棵。成虫咬食叶片，咬成不规则的缺刻或孔洞，严重时仅残留叶脉。不仅大量减产，同时，也诱发病害，形成果腐，一般减产10%～30%，重者50%～80%，如果不及时防治可造成绝产绝收，如图3-10至图3-13所示。

图3-10　蛴螬

图3-11　花生受害症状

图3-12　大黑鳃金龟甲

暗黑鳃金龟甲

铜绿丽金龟甲

图3-13　花生受害症状

蛴螬1～2年发生1代，幼虫和成虫在土中越冬，成虫白天藏在土中，多在20:00—22:00出土进行取食等活动。成虫昼伏夜出，有假死性、暴食性、趋光性，并对未腐熟的粪肥有趋性。夏花生和晚播的春花生受害时间长、受害重。

（二）防治方法

蛴螬种类多，在同一地区同一地块，常为几种蛴螬混合发生，世代重叠，发生和为害时期很不一致，因此，要做好预测预报工作，在掌握虫情的基础上，根据蛴螬和成虫种类、密度、作物播种方式等，因地因时制宜采取相应的绿色防控措施，及时防治，才能收到良好的防治效果。

1. 农业措施

采取花生与禾本科作物轮作，水旱轮作。及时清除田间或地边杂草。秋冬季节，深耕土地，机械杀伤、风干、冻死或让天敌捕食越冬幼虫。合理施肥，应防止使用未腐熟有机肥料，以防止招引成虫来产卵。加强栽培管理，在花生生长期适时合理灌溉。利用沟边、地边、路旁等种植蓖麻诱杀成虫。

2. 物理防治

根据蛴螬的成虫羽化后，夜间有趋光的特性，在花生田安装黑光灯、高压汞灯、频振式杀虫灯诱杀成虫。每30亩地安装1盏灯，悬挂高度1.5～2米，每天白天灭灯，夜间开灯，从而使田间蛴螬的为害得到有效的控制。

3. 生物防治

蛴螬的捕食性天敌有土蜂、食虫虻等，病原微生物有白僵菌、绿僵菌、苏云金杆菌等，注意保护利用自然天敌的控制作用。生物药剂可选用：每亩150亿个孢子/克球孢白僵菌可湿性粉剂250～300克，或用10亿孢子/克金龟子绿僵菌CQMg128微粒剂3 000～5 000克等，于花生下针期拌毒土撒施，后中耕或浇水。

4. 化学防治

（1）种子处理。播种前，按药种比，可用30%辛硫磷微囊悬浮剂1：（50～60），或用42%吡虫·氟虫腈悬浮种衣剂1：（280～350），或用16%赛虫嗪悬浮种衣剂等包衣或拌种。

（2）防治幼虫。每亩可用2%高效氯氰菊酯颗粒剂2 500～3 500克，或用5%辛硫磷颗粒剂4 000～5 000克，或用3%阿维·吡虫啉颗粒剂1 500～2 000克等撒施土壤根际浅锄入土。也可选用30%辛硫磷微囊悬浮剂1 000～1 500毫升，或用48%噻虫啉悬浮剂60～80毫升等，拌毒土撒施或灌根，并立即浇水。

二、金针虫

金针虫又称叩头虫、钢丝虫，因体硬、光滑细长，多呈黄褐色，并有光泽，形似金针，故得名；头部能上下活动似叩头状，故俗称叩头虫。我国为害花生的金针虫主要有沟金针虫、细胸金针虫和褐纹金针虫等，也是一类世界性的地下害虫，如图3-14所示。

图3-14　金针虫

（一）为害症状

金针虫食性较杂，幼虫长期生活于土壤中，成虫在地上部分活动时间不长，只能吃一些禾谷类和豆类作物的嫩叶。金针虫为害花生，能咬食刚播下的种子、幼芽、地下茎、根系，被害部位不整齐，呈丝状，导致种子不能发芽、幼苗枯萎死亡，严重的造成缺苗断垄现象。花生结荚后，金针虫可以钻蛀荚果，造成减产，并有利于病原菌的侵入而引起花生果腐病发生。

金针虫的生活史很长，常需3～6年才能完成1代。在整个生活史中，以幼虫期最长，以各龄幼虫或成虫在地下越冬，越冬深度因地区和虫态不同。幼虫孵化后一直在土内活动取食。以春季为害最严重，秋季相对较轻。

（二）防治方法

1.农业防治

与棉花、芝麻、油菜、麻类等直根系作物轮作，水旱轮作是根治金针虫的最好措施。结合农田基本建设，种植前要深耕多耙，收获后及时深翻；夏季翻耕暴晒；灌水灭虫，在金针虫为害期间，及时浇灌可有效防治；除草灭虫，消除田间杂草可消减成虫的产卵场所，减少幼虫的早期食物来源；合理施肥，增施腐熟肥，能改良土壤并促进作物根系发育、壮苗，从而增强作物抗虫能力。

2. 物理防治

利用沟金针虫雄成虫的趋光性，在开始盛发和盛发期间在田间地头设置黑光灯、频振式杀虫灯诱杀成虫。减少田间卵量。在花生田每30亩地安装1盏灯，悬挂高度1.5~2米，每天白天灭灯，夜间开灯。

3. 生物防治

金针虫的天敌有蜘蛛、鸟雀、真菌等，注意保护利用自然天敌的控制作用。

4. 化学防治

（1）种子处理。播种前，按药种比，可用20%吡虫·氟虫腈悬浮种衣剂1：（60~100），或用38%多·福·克悬浮种衣剂1：（60~80）等种子包衣或拌种。

（2）种穴处理。每亩可用5%辛硫磷颗粒剂4 000~5 000克，或用10%二嗪磷颗粒剂1 000~1 500克等，拌毒土沟施或穴施。

（3）土壤处理。成虫活动和幼虫为害时，每亩可选用2%高效氯氰菊酯颗粒剂2 500~3 500克，或用3%辛硫磷颗粒剂6 000~8 000克，或用3%阿维·吡虫啉颗粒剂1 500~2 000克等，撒施花生根际。

三、地老虎

（一）为害症状

地老虎，又名土蚕、地蚕、夜盗虫、切根虫等，是一类世界性地下害虫。我国各类农作物记载的地老虎有170余种，为害花生的种类主要有小地老虎、黄地老虎、大地老虎等，其中，小地老虎分布最广，为害最重。在国内各地均有发生，如图3-15所示。

图3-15　地老虎

地老虎食性很杂，可为害棉花、玉米、大豆及蔬菜、花卉、中草药材等多种旱生作物与杂草，是作物苗期主要害虫。地老虎1～2龄幼虫为害幼苗心叶、生长点或嫩叶，啃食叶肉残留表皮，形成圆形天窗或小孔。3龄后幼虫在土中咬食种子、幼芽，可咬断幼苗基部的茎、叶柄，使整株死亡，造成缺苗断垄，严重地块甚至绝收。

（二）防治方法

1. 农业防治

实行水旱轮作倒茬。春播前进行春耕细耙等整地工作可消灭部分卵和早春的杂草寄主，同时在作物幼苗期结合中耕松土，清除田内外杂草并将其烧毁，均可消灭大量卵和幼虫。秋季翻耕田地，曝晒土壤，可杀死大量幼虫和蛹。在清晨刨开断苗附近的表土捕杀幼虫，连续捕捉几次，效果也较好。受害重的田块可结合灌水淹杀部分幼虫。

2. 物理防治

成虫盛发期，在田间地头设置黑光灯、频振式杀虫灯、糖醋液诱杀成虫。糖醋液配制比例为：糖∶醋∶酒∶水=6∶3∶1∶10或用3∶4∶1∶2。幼虫发生期，将刚从泡桐树上摘下的老桐叶，用水浸湿，于傍晚均匀放于苗地地面上，每亩放置70~90片，清晨检查，捕杀叶上诱到的幼虫，连续3~5天，效果较好。

3. 生物防治

注意保护利用天敌，地老虎的天地主要有寄生蜂、寄生蝇、步甲等寄生或捕食性昆虫、蜘蛛、细菌、真菌、线虫、病毒、微孢子虫等，有一定的抑制作用。

4. 化学防治

地老虎1~3龄幼虫抗药性差，且暴露在寄生植株或地面上，可以喷药防治。4~6龄幼虫，隐蔽为害，药剂喷雾难以防治，可使用撒毒土或灌根进行防治。

（1）种子处理。播种前，按药种比，可选用%辛硫磷水乳种衣剂1：（30~40），或用20%甲柳·福美双悬浮种衣剂1：（40~50），或用20%克百·多菌灵悬浮种衣剂1：（30~40）等拌种或包衣。

（2）毒饵诱杀。40%乐果乳油，用适量水将药剂稀释，然后拌入炒香的麦麸、豆饼、花生饼、玉米碎粒等饵料中，用量为每亩4~5千克，于傍晚均匀撒入田间，有较好的诱杀效果。

（3）撒施毒土。每亩可选用3%辛硫磷颗粒剂6 000~8 000克，或用5%二嗪磷颗粒剂2 000~3 000克，或用0.2%联苯菊酯颗粒剂3 000~5 000克，或用3%阿维·吡虫啉颗粒剂1 500~2 000克等，加细土20~30千克，顺垄撒在幼苗根际。

（4）药液灌根。在虫龄较大、为害严重的地块，可用80%敌敌畏乳油或50%辛硫磷乳油1 000~1 500倍液等灌根。

（5）药液喷雾。可选用2.5%溴氰菊酯乳油30~40毫升，或用200克/升氯虫苯甲酰胺悬浮剂8~10毫升，或用20%高效氯氟氰菊酯微囊悬浮剂1 500~2 000倍液，或用1.8%阿维菌素乳油1 500~2 000倍液，傍晚喷药，植株、地面都要均匀喷雾。

四、蝼蛄

蝼蛄俗名拉拉蛄、土狗，是最活跃的等下害虫。我国主要有华北蝼蛄、东方蝼蛄、普通蝼蛄、台湾蝼蛄等，其中，华北蝼蛄和东方蝼蛄是为害花生的主要种类。

（一）为害症状

体长圆形，淡黄褐色或暗褐色，全身密被短小软毛。它短短的前腿长着铲形的脚爪，适于快速挖掘。蝼蛄的翅膀短而坚硬，能长距离飞行，如图3-16所示。

图3-16　蝼蛄成虫

蝼蛄喜食刚发芽的种子，植物的根部，为害幼苗，不但能将地下嫩苗根茎取食成丝丝缕缕状，还能在苗床土表下开掘隧道，使幼苗根部脱离土壤，失水枯死，缺苗断垄，严重的甚至毁种。

（二）防治方法

1. 农业防治

深翻土壤、精耕细作，造成不利蝼蛄生存的环境，减轻为害；夏收后，及时翻地，破坏蝼蛄的产卵场所；施用腐熟的有机肥料，不施用未腐熟的肥料；在蝼蛄为害期，追施碳酸氢铵等化肥，散出的氨气对蝼蛄有一定驱避作用；秋收后，进行大水灌地，使向深层迁移的蝼蛄，被迫向上迁移，在结冻前深翻，把翻上地表的害虫冻死；实行合理轮作，改良盐碱地，有条件的地区实行水旱轮作，可消灭大量蝼蛄。

2. 物理防治

灯光诱杀蝼蛄发生为害期，在田边或村庄利用黑光灯、频振式杀虫灯诱杀成虫，以减少田间虫口密度。人工捕杀结合田间操作，对新拱起的蝼蛄隧道，采用人工挖洞捕杀虫、卵。

3. 生物防治

利用蝼蛄的趋化性，在成虫发生期，于田间间隔20米挖1个深约20厘米的小坑，内堆湿润马粪并盖章，次日清晨集中捕杀坑内蝼蛄，结合毒饵更好。

4. 化学防治

（1）种子处理。播种前，按药种比，用3%辛硫磷水乳种衣剂1∶（30~40），或用多·福·克悬浮种衣剂1∶（50~60）等包衣或拌种。

（2）土壤处理。播种期，每亩可选用10%二嗪磷颗粒剂1 000~1 500克，或用3%辛硫磷颗粒剂6 000~8 000克等耕地时撒施，或播种时沟施、穴施。花生苗期，每亩可选用2%高效氯氰菊酯颗粒剂2 500~3 500克，或用3%阿维·吡虫啉颗粒剂1 500~2 000克，撒施花生根际。或选用30%辛硫磷微囊悬浮剂1 000~1 500克对水稀释200~300倍喷施花生根际或拌毒土25~30千克顺垄撒施。也可用50%马拉硫磷乳油1 000倍液，或用40%乐果乳油1 000倍液等灌根。

（3）毒饵诱杀。常用的是敌百虫毒饵，先将麦麸、豆饼、秕谷、棉籽饼或玉米碎粒等炒香，按饵料重量0.5%~1%的比例加入90%晶体敌百虫制成毒饵：先将90%晶体敌百虫用少量温水溶解，倒入饵料中拌匀，再根据饵料干湿程度加适量水，拌至用手一撮稍出水即成。每亩施毒饵2~3千克，于傍晚时撒在已出苗的表土上。制成的毒饵限当日撒施完。

五、花生新黑地蛛蚧

花生新黑地蛛蚧属同翅目蛛蚧科昆虫，俗称钢子虫，是花生田新发生的一种地下害虫，是油料作物有害生物检疫对象之一，在花生主产区均有发生，近年来其为害程度逐年加重。由于它是以幼虫附着根部吸食为害，体形又小，形似根瘤菌，往往被误认为是根瘤菌。一般田块减产20%~30%，严重田块可减产50%以上，甚至绝收。

（一）为害症状

花生新黑地珠蚧主要以幼虫聚集在花生的根部进行为害，一年发生1代，以2龄幼虫球形体在花生主根层土壤中越冬。翌年5月上旬球形体脱壳变为蛹，5月中下旬羽化为成虫，交配产卵，卵期20天左右，每头雌虫可产卵数十粒至数百粒。6月下旬至7月上旬孵化，1龄幼虫为黄褐色，体长2毫米左右，在土表活动10天左右，15:00—16:00最活跃，寻找寄主，而后用口针刺入花生根部固定下来，吸取植株汁液，对植株造成为害。自身足部和腹部逐渐退化，形成浅褐色圆形蛛体，即2龄幼虫，2龄幼虫继续吸食并长大，蛛体色由浅而深，最后变成黑褐色，表皮坚硬，外披一层白色蜡质，并以此越冬，如图3-17、图3-18所示。

花生被新黑地蛛蚧为害后，地上部分症状：植株生长缓慢，植株矮小，叶片边缘发黄，好似缺水缺肥，严重时慢慢枯死；地下部分表现：根系不发达，侧根减少，甚至腐烂，结果少且果实瘦弱。7月下旬重发田块会有零星死棵现象，8月死棵明显增多，严重的可成片死亡，农民常误认为是干旱。除为害花生外，还可为害豆科作物。6—8月若干旱少雨则为害严重，如图3-17、图3-18所示。

图3-17　花生新黑地珠蚧

图3-18　花生受害症状

（二）防治方法

1. 农业防治

（1）花生收获后及时捡拾蛛体，集中销毁，以减少越冬虫源。

（2）合理轮作倒茬。花生新黑地珠蚧的非寄主作物为小麦、玉米、芝麻、瓜类，尤其是和带根瘤菌的作物轮作，如红薯、玉米轮作，减轻为害。

（3）及时中耕除草。在6月当花生新黑地珠蚧成虫产卵及孵化为1龄幼虫时期，进行中耕除草，机械杀伤部分地表爬行的成虫和幼虫，并破坏卵室，使其不能正常孵化而死亡。

（4）适时浇水。6月若天旱少雨，可适时浇水并结合药剂，既可抑制成虫产卵，又可杀死地面爬行的幼虫。

2. 药剂防治

6月下旬至7月上旬孵幼虫在地表活动是防治关键时期。

（1）土壤处理。在花生播种时，每亩用10%二嗪磷颗粒剂1～1.5千克拌细土20～40千克，制成毒土，撒施于播种沟或穴内，后覆土播种。也可选用30%辛硫磷微囊悬浮剂1 000～1 500毫升，加细土或水30～40千克，制成毒土或毒液，撒施或喷雾于种沟、种穴内，或进行15～25厘米宽的混土带施药、覆膜。

（2）化学防治。主要在生长期防治成虫及1龄幼虫。每亩可选用2%高效氯氰菊酯颗粒剂2.3～3.5千克，或用3%辛硫磷颗粒剂5～8千克，混配细土20～40千克，制成毒土，顺垄撒施。或每亩选用50%马拉硫磷乳油300～600毫升，或用50%辛硫磷800倍液装入去掉喷头的手动喷雾器内，喷洒花生茎基部及地表。

第四章
花生主要杂草

　　花生田杂草种类众多，据调查，我国花生田杂草有70多种，分属约26科。花生田的杂草主要有三大类：禾本科杂草、阔叶杂草和莎草科杂草，禾本科杂草和莎草科杂草统称单子叶杂草，阔叶类杂草又称双子叶杂草。黄淮流域以禾本科为主，占杂草总数的60%～70%，阔叶杂草占20%～30%，莎草科杂草占10%左右。其中，田间常见、为害较重的主要杂草有禾本科杂草：马唐、牛筋草、狗尾草、稗草、早熟禾、狗牙根、千金子、大画眉草、小画眉草、白茅、龙爪草、虎尾草等；阔叶类杂草：铁苋菜、反枝苋、凹头苋、马齿苋、苘麻、田旋花、打碗花、鸭跖草、藜、苍耳、龙葵、小藜、牵牛花、刺儿菜等；莎草科杂草：香附子等。

　　花生田杂草主要发生在生长前期，其为害有两个高峰期，第一个高峰期是在播种后10～15天，出草量占总草量的50%以上；第二个高峰期是在播种后35～50天，出草量占总草量的30%左右。花生田出草期较长，一般45天以上。苗期一般天气干旱，杂草发生不整齐，很难通过人工除草一次性控制杂草发生。花生开花下针期正值雨季，杂草生长茂盛，极易造成大面积草荒。

　　每年因草害造成花生减产5%～15%，严重的减产20%～30%甚至更多。据研究，每平方米有5株杂草，花生荚果产量比无草的对照减产13.89%，10株杂草减产34.16%，20株减产48.31%，密度越大，减产越多。此外，杂草还是很多病虫害的寄主，苗期杂草多的田块虫害发生量大、为害重，中后期杂草多的田块，叶斑病、倒秧病、网斑病、纹枯病等发生重。

不同地区、不同耕作栽培条件下，花生田杂草的分布有所不同。春播与夏播相比，夏播花生田密度大于春播花生田。前茬不同，花生田杂草的分布也各异。如玉米茬，马唐、苋、铁苋菜、狗尾草等较甘薯茬密度大。而牛筋草、马齿苋比甘薯茬密度小。不同的播种方式对花生田杂草的发生与分布也有一定影响，起垄播种可减少杂草密度，而平播比垄播杂草密度大。

夏播花生田中，马唐有两个明显的高峰：第一个出草高峰在播后10天左右，出草数占总出草量的10%~15%；第二个出草高峰在播后30天左右，出草量占出草总数的50%以上，是出草量的主高峰期，到封行期仍继续发生。在杂草中牛筋草出现时间相对较迟，第一个出草高峰占总出草量的50%以上，第二个高峰相对较小，在播后35~40天，占总出草量的30%左右。

春播花生田也有2个出草高峰；第一个出草高峰在播后10~15天，出草量占出草总数的50%以上，是出草的主高峰；第二个高峰较小，在播后35~40天，出草量占出草总数的30%左右，春花生天出草期长达45天左右。

第一节　单子叶杂草

单子叶杂草是禾本科杂草和莎草科杂草的统称。单子叶杂草是指种子胚内只含有一片子叶的杂草。单子叶杂草多属禾本科，少数属于莎草科，形态特征是无主根、叶片细长、叶脉平行、无叶柄。

一、马唐

马唐以种子繁殖，一年生草本，又称抓根草、鸡爪草。总状花序长5~18厘米，3~10个成指状着生于长1~2厘米的主轴上；穗轴直伸或开展，两侧具宽翼，边缘粗糙；小穗椭圆状披针形，长3~3.5毫米；叶鞘短于节间，无毛或散生疣基柔毛；叶舌长1~3毫米；叶片线状披针形，长5~15厘米，宽4~12毫米，基部圆形，边缘较厚，微粗糙，具柔毛或无毛。秆直立或下部倾斜，膝曲上升，高10~80厘米，直径2~3毫米，无毛或节生柔毛。幼苗深绿色，如图4-1所示。

图4-1　马唐

在野生条件下，马唐一般于5—6月出苗，7—9月抽穗、开花，8—10月结实并成熟。最适深度1~5厘米。马唐的分蘖力较强，一株生长良好的植株可以分生出8~18个茎枝，个别可达32技之多。马唐是一种生态幅相当宽的广布中生植物。从温带到热带的气候条件均能适应。它喜湿、好肥、嗜光照，对土壤要求不严格，在弱酸、弱碱性的土壤上均能良好地生长。马唐的种子传播快，繁殖力强，植株生长快，分枝多。

二、狗尾草

狗尾草以种子繁殖，一年生草本，又称谷莠子、莠草。

一般株高20～60厘米，丛生、直立或倾斜，基部偶有分枝。根为须状，秆直立或基部膝曲，高10～100厘米，基部径达3～7毫米。叶鞘松弛，无毛或疏具柔毛或疣毛，边缘具较长的密棉毛状纤毛；叶舌极短，缘有长1～2毫米的纤毛；叶片扁平，长三角状狭披针形或线状披针形，先端长渐尖或渐尖，基部钝圆形，几呈截状或渐窄，长4～30厘米，宽2～18毫米，通常无毛或疏被疣毛，边缘粗糙。圆锥花序紧密呈圆柱状或基部稍疏离；小穗2～5个簇生于主轴上或更多的小穗着生在短小枝上，椭圆形，先端钝。

狗尾草一般4月中旬至5月种子发芽出苗，发芽适温为15～30℃，5月上中旬大发生高峰期，8—10月为结实期。种子可借风、流水、收获物与粪肥传播，经越冬休眠后萌发，如图4-2所示。

图4-2 狗尾草

三、稗草

稗草以种子繁殖，一年生草本植物。稗草是花生田主要的恶性杂草，种类较多。由种子萌发生长，稗草种子在土壤可以存活几十年，而且种间变化较大，水、旱环境都能生长，适应性强，竞争性强。败家子中的"败"就是稗子演变过来的。

稗草和稻子外形极为相似。形状似稻子但叶片毛涩，颜色较浅。秆直立，基部倾斜或膝曲，光滑无毛。叶鞘松弛，下部者长于节间，上部者短于节间；无叶舌；叶片无毛。圆锥花序主轴具角棱，粗糙；小穗密集于穗轴的一侧，具极短柄或近无柄；第一颖三角形，基部包卷小穗，长为小穗的1/3 ~ 1/2，具5脉，被短硬毛或硬刺疣毛；第二颖先端具小尖头，具5脉，脉上具刺状硬毛，脉间被短硬毛；第一外稃草质，上部具7脉，先端延伸成一粗壮芒，内稃与外稃等长。

稗草在较干旱的土地上，茎也可分散贴地生长。平均气温12℃以上即能萌发。最适发芽温度为25 ~ 35℃，10℃以下、45℃以上不能发芽，土壤湿润，无水层时，发芽率最高。土深8厘米以上的稗草籽不发芽，但可进行二次休眠。6—7月抽穗开花，8—10月结子、成熟，生育期76 ~ 130天，如图4-3所示。

图4-3 稗草

四、牛筋草

牛筋草别名蟋蟀草、蹲倒驴。以种子繁殖，一年生草本。其特征是茎韧如牛筋，根系极发达，拔除不易。

牛筋草秆丛生，基部倾斜，高10～90厘米。叶鞘两侧压扁而具脊，松弛，无毛或疏生疣毛；叶舌长约1毫米；叶片平展，线形，无毛或上面被疣基柔毛。穗状花序2～7个呈指状着生于秆顶，很少单生；小穗长4～7毫米，宽2～3毫米，含3～6小花；颖披针形，具脊，脊粗糙。颖果卵形，棕色至黑色，基部下凹，具明显的波状皱纹，如图4-4所示。

图4-4　牛筋草

牛筋草一般4月中下旬出苗，5月上中旬进入发生高峰，6—8月发生少，9月出现第二次出苗高峰。

牛筋草主要是通过种子散布传播。借助自然力如风吹、流水及动物取食排泄传播，或附着在机械、动物皮毛或人的衣服、鞋子上，通过机械、动物或人的移动而到处散布传播。

五、画眉草

画眉草为一年生草本植物。由于弯弯的叶片很像眉毛，风儿摇曳之中，很像是在画眉，所以被称为画眉草。

画眉草秆丛生，直立或基部膝曲，高15~60厘米，通常具4节，光滑。叶鞘稍压扁，鞘口常具长柔毛；叶舌退化为1圈纤毛；叶片线形，扁平或内卷，背面光滑；表面粗糙。圆锥花序较开展或紧缩，分枝单生、簇生或轮生，多直立向上腋间具长柔毛，小穗具柄，含4~14朵小花。颖披针形，先端渐尖。外稃侧脉不明显，先端尖；内稃作弓形弯曲，脊上有纤毛，迟落或宿存。颖果长圆形，如图4-5所示。

画眉草喜光，抗干旱，适应性强。一般5—6月出苗，7—8月开花，8—9月成熟。种子很小但数量多，靠风传播。

图4-5　画眉草

六、香附子

香附子又称为莎草、旱三棱、雷公头等，是莎草科多年生草本植物，喜湿凉，其地下球茎产生根茎，根茎长出新的球茎，新球茎萌生幼草，一株接着一株，连绵不断地生长。叶片线形，长与秆等长，宽约6毫米有叶鞘，花单性，雌雄同株，花序通常10~15厘米，小穗3~10个，雄性小穗顶生，雌性小穗侧生，抽穗期在夏秋。在生长期内，能在短时间内以数倍甚至几十倍的数量快速繁育生长，迅速占领地面，对作物的争肥争水能力极强。属于花生田顽固型恶性杂草，如图4-6所示。

图4-6　香附子

香附子为秋熟旱作物田杂草。喜生于疏松性土壤，于沙土地发生较为严重，常于秋熟旱作物苗期大量发生，严重影响作物的前期生长发育。常成单一的小群落或与其他植物混生与之争光、争水、争肥，致使其他植物生长不良。它还是白背飞虱、黑蟛象、铁甲虫等昆虫的寄主，是一种世界性为害较大的恶性杂草之一。由于香附子靠地下茎繁殖人工除草或一般除草剂只能消灭地上部分，其地下块茎1周内可以随时萌发继续为害，因此，极难防治。

第二节　双子叶杂草

阔叶类杂草又称双子叶杂草。双子叶杂草是指在种子胚内含有2片子叶的杂草。双子叶杂草是分属多个科的植物，与单子叶杂草相比，一般有主根，叶片较宽，叶脉多为网状脉，多具叶柄。

一、车前

车前又名车前草、车轮草等，多年生草本。

车前根茎短，稍粗。须根多数。叶基生呈莲座状，平卧、斜展或直立；叶片薄纸质或纸质，宽卵形至宽椭圆形，先端钝圆至急尖，边缘波状、全缘或中部以下有锯齿、牙齿或裂齿，基部宽楔形或近圆形，多少下延，两面疏生短柔毛；脉5~7条；叶柄基部扩大成鞘，疏生短柔毛。花序3~10个，直立或弓曲上升；花序梗有纵条纹，疏生白色短柔毛；穗状花序细圆柱状；苞片狭卵状三角形或三角状披针形。花具短梗；花萼长2~3毫米，萼片先端钝圆或钝尖。花冠白色，无毛，冠筒与萼片约等长。蒴果纺锤状卵形、卵球形或圆锥状卵形。种子4~9枚，卵状椭圆形或椭圆形，具角，黑褐色至黑色；子叶背腹向排列。苗期4—5月，花期7—8月，果期9—10月，如图4-7所示。

车前草适应性强，耐寒、耐旱，对土壤要求不严，在温暖、潮湿、向阳、沙质沃土上能生长良好，20~24℃范围内茎叶能正常生长，气温超过32℃则会出现生长缓慢，逐渐枯萎直至整株死亡。

图4-7　车前草

二、反枝苋

反枝苋为一年生草本。

反枝苋高20～80厘米，有时达1米多；茎直立，粗壮，单一或分枝，淡绿色，有时具带紫色条纹，稍具钝棱，密生短柔毛。叶片菱状卵形或椭圆状卵形，顶端锐尖或尖凹，有小凸尖，基部楔形，全缘或波状缘，两面及边缘有柔毛，下面毛较密；叶柄长1.5～5.5厘米，淡绿色，有时淡紫色，有柔毛。圆锥花序顶生及腋生，直立，直径2～4厘米，由多数穗状花序形成，顶生花穗较侧生者长；苞片及小苞片钻形，长4～6毫米，白色，背面有一龙骨状突起，出顶端成白色尖芒；花被片矩圆形或矩圆状倒卵形，薄膜质，白色，有1淡绿色细中脉，顶端急尖或尖凹，具凸尖。胞果扁卵形，环状横裂，薄膜质，淡绿色，包裹在宿存花被片内。种子近球形，棕色或黑色，边缘钝。花期7—8月，果期8—9月。生命力强，种子量大，种子边成熟边脱落，借风传播，如图4-8所示。

图4-8　反枝苋

三、马齿苋

马齿苋为一年生草本，又名长命菜、五行草、瓜子菜、马齿菜、蚂蚱菜。因叶片像马的牙齿，故得名马齿苋。

马齿苋全株无毛。茎平卧或斜倚，伏地铺散，多分枝，圆柱形，枝淡绿色或带暗红色。叶互生，叶有时对生，叶片扁平，肥厚，倒卵形，似马齿状，上面暗绿色，下面淡绿色或带暗红色；叶柄粗短。花无梗，午时盛开；苞片叶状，质膜，近轮生；萼片对生，绿色，盔形；花瓣黄色，倒卵形；雄蕊花药黄色；子房无毛。蒴果卵球形；种子细小，偏斜球形，黑褐色，有光泽。春夏季都有幼苗发生，盛夏开花，夏末秋初果熟，果实种子量极大。花期5—8月，果期6—9月，如图4-9所示。

图4-9 马齿苋

马齿苋性喜高湿，耐旱、耐涝，具向阳性。其发芽温度为18℃，最适宜生长温度为20~30℃。

四、藜

藜为一年生草本，种子繁殖。又名落藜、胭脂菜、灰菜等。藜主要为害小麦、玉米、谷子、花生、大豆、棉花、蔬菜、果树等农作物。

藜茎直立，粗壮，具条棱及绿色或紫红色的条纹，多分枝；枝条斜升或开展。单叶互生，有长叶柄；叶片菱状卵形至宽披针形，长3～6厘米，宽2.5～5厘米，先端急尖或微钝，基部楔形至宽楔形，上面通常无粉，有时嫩叶的上面有紫红色粉，下面灰绿色，边缘具不整齐锯齿。

秋季开黄绿色小花，花两性，花簇于枝上部排列成或大或小的穗状圆锥状或圆锥状花序；花被5片，宽卵形至椭圆形，边缘膜质。

图4-10　藜

果皮与种子贴生。种子横生，双凸镜状，有光泽；种子落地或借外力传播，种子经冬眠后萌发。从早春到晚秋可随时发芽出苗，一般3—4月出苗，7—8月开花，8—9月成熟。藜适应性强，抗寒、耐旱，喜肥喜光，如图4-10所示。

五、田旋花

田旋花为多年生草质藤本植物，又名野牵牛。

　　田旋花茎为根状茎横走。茎蔓性或缠绕，具棱角或条纹，上部有疏柔毛，下部多分枝。地下部具白色横走根，主根深可达6米。单叶互生，幼苗叶片卵状长椭圆形，成熟植株叶片戟形，全缘或三裂，先端近圆或微尖；中裂片卵状椭圆形、狭三角形、披针状椭圆形；侧裂片开展，微尖。花1～3朵腋生；苞片线性，与花萼远离；萼片卵状圆形，无毛或被疏毛；缘膜质；花冠漏斗形，粉红色或白色。蒴果球形或圆锥状，种子4颗，黑褐色，呈三面体，如图4-11所示。

图4-11　田旋花

　　田旋花喜潮湿肥沃的黑色土壤，于夏秋间在近地面的根上产生新的越冬芽，5—6月返青，7—8月开花，8—9月成熟。

六、刺儿菜

　　刺儿菜为多年生草本植物。又名小蓟、青青草、蓟蓟草、刺狗牙等。

　　刺儿菜茎直立，高30～80厘米，地下部分常大于地上部分，有长根茎，上部有分枝，花序分枝无毛或有薄绒毛。基生叶和中部茎叶椭圆形、长椭圆形或椭圆状倒披针形，顶端钝或圆形，基部楔形，有时有极短的叶柄，通常无叶柄，上部茎叶渐小，椭圆形或披针形或线状披针形，或全部茎叶不分裂，叶缘有细密的针刺，针刺紧贴叶缘。全部茎叶两面同色，绿色或下面色淡，两面无毛，极少两面异色。头状花序单生茎端，或植株含少数或多数头状花序在茎枝顶端排成伞房花序。总苞卵形、长卵形或卵圆形，总苞片约6层，覆瓦状排列，向内层渐长。小花紫红色或白色。瘦果淡黄色，椭圆形或偏斜椭圆形，压扁，顶端斜截形。冠毛污白色，多层，整体脱落；冠毛刚毛长羽毛状，顶端渐细。一般5—9月可随时萌发，7—8月开花，8—9月成熟，如图4-12所示。

图4-12　刺儿菜

第三节　花生田杂草防除

花生田杂草防除主要有农业措施除草、化学除草、地膜除草等方法，各种措施搭配使用，效果更好。农业措施除草主要包括中耕除草、适当深耕、施用腐熟土杂粪等。化学防除主要包括芽前防除（土壤处理剂）和生长期防除（茎叶处理剂）。地膜除草主要包括除草药膜和有色膜2种。

一、除草剂分类

除草剂可按作用方式、施药部位、化合物来源等多方面分类。在除草剂使用上应根据生态条件、种植方式、杂草种类等因素，依据当地、当时的实际情况，科学、合理地选用除草剂，以提高除草剂对杂草的防除效果。如地膜覆盖花生，一定要选择芽前除草剂；麦垄套种花生应选择芽后除草剂。以禾本科杂草为主的花生田，应选择使用防治单子叶杂草的除草剂；以阔叶类杂草为主的花生田，应选择使用防治双子叶杂草的除草剂；单子叶、双子叶杂草混生的花生田，也可用2类药混合使用；除田边地头外，花生田绝对不能使用灭生性除草剂。

（一）根据除草剂的作用方式分类

1. 选择性除草剂

选择性除草剂能区分作物和杂草，或利用作物和杂草之间在位置、时间、形态上的差异选择适当的时间、土层施药杀死杂草，而对作物无害。

2. 灭生性除草剂

灭生性除草剂又称非选择性除草剂，除草剂对所有植物都有毒性，只要接触绿色部分，不分苗木和杂草，都会受害或被杀死。主要在播种前、苗圃主副道上使用。

（二）根据除草剂在植物体内的移动情况分类

1. 触杀型除草剂

药剂与杂草接触时，只杀死与药剂接触的部分，起到局部的杀伤作用，植物体内不能传导。只能杀死杂草的地上部分，对杂草的地下部分或有地下茎的多年生深根性杂草，则效果较差，防除多年生宿根杂草须多次用药才可杀死。

2. 内吸传导型除草剂

药剂被根系或叶片、芽鞘或茎部吸收后，传导到植物体内，使植物死亡。

3. 内吸传导、触杀综合型除草剂

该药剂具有内吸传导、触杀型双重功能。

（三）根据除草剂的化学结构分类

1. 无机化合物除草剂

该药剂由天然矿物原料组成，不含有碳素的化合物，如氯酸钾、硫酸铜等。

2. 有机化合物除草剂

该药剂主要由苯、醇、脂肪酸、有机胺等有机化合物合成。

（四）根据除草剂的使用方法分类

1. 茎叶处理剂

茎叶处理剂又称芽后除草剂，是一种用于苗后除草的除草剂，即将除草剂溶液对水，以细小的雾滴均匀地喷洒在植株上，通过杂草茎叶对药物的吸收和传导来消灭杂草。一般于农作物3 ~ 5叶期，杂草2 ~ 4叶期开始施药但也根据药剂的种类和农作物种类的不同，确定不同的施药时期。

2. 土壤处理剂

土壤处理剂又称芽前除草剂，即将除草剂均匀地喷洒到土壤上，形成一个除草剂封闭层，单子叶杂草主要是芽鞘吸收，双子叶杂草通过幼芽及幼根吸收，向上传导，抑制幼芽与根的生长而起到杀草作用。土壤处理剂一般先被土壤固定，然后通过土壤中的液体互相移动扩散，或者与根茎接触吸收，进入植物体内。这类除草剂可分为播前处理和播后苗前处理2种。

3.茎叶、土壤处理剂

该药剂可作茎叶处理，也可做土壤处理。

二、花生田杂草防除方法

（一）花生播后芽前除草

花生播种后尚未出苗前针对不同的造成类型选用不同的除草剂喷施表土，覆盖形成药膜层，地表封闭除草。

每亩用96%精异丙甲草胺乳油50～60毫升、33%除草通乳油150毫升、72%异丙甲草胺乳油150～200毫升，对水30～40千克均匀喷雾于土表，封闭除草。

盐碱地、风沙干旱地、有机质含量较低的沙壤土、土壤特别干旱或水涝地一般不使用芽前土壤处理除草，应采取苗后茎叶处理。

（二）花生苗期除草

（1）以禾本科杂草为主的田地。在杂草2～4叶期，每亩用10.8%精氟吡甲禾灵乳油20～30毫升、5%精喹禾灵30～40毫升、6.9%精噁唑禾草灵浓乳剂50毫升等，对水30～40千克茎叶喷洒。

（2）以阔叶杂草为主的田块。在杂草株高5厘米以前，每亩用48%苯达松水剂120～180毫升，24%三氟羧草醚（杂草焚）水剂60～100毫升、24%乳氟禾草灵（克阔乐）乳油25～40毫升、24%甲咪唑咽酸水剂20～30毫升，对水30升均匀喷雾。

（3）禾本科杂草与阔叶杂草混生的田块。如果田间杂草密度较小，可以将禾本科杂草和阔叶杂草的除草剂混合使用或使用精喹·乙羧；如果杂草密度较大，尽量分开使用，以确保除草效果。

（4）防治香附子使用10%万垅通（精喹+神奇助剂+有机硅）。

三、花生田除草剂注意事项

"三准""四看""五不"。

（一）"三准"

（1）施药时间要准。要根据除草剂的杀草机理，严格掌握施药时间。

（2）施药量（浓度）要准。

（3）施药地块面积要准。在花生生长期防除禾本科杂草等，均有时间、面积、用药量准的概念。否则，就收不到应有的除草效果，或使作物受药害。

（二）"四看"

看苗情、看草情、看天气、看土质。对未扎根或瘦弱苗不宜施药；根据杂草的种类及生长情况用药；气温较低时施药量在用药的上限；黏重土壤用药量高些，沙质土壤用药量少些；土壤干燥时不用药。

（三）"五不"

（1）苗弱苗倒不施药。

（2）田间积水不施药。

（3）毒土太干或田土太干不施药。

（4）大雨时或叶上有露水、雨水时不施药。

（5）漏水田不施药。

四、花生田除草剂药害

花生是对除草剂敏感的经济作物，土壤残留除草剂、外来飘逸除草剂、不合理地使用除草剂、气候环境对除草剂的影响等都可能对花生造成伤害。

（一）药害之一

药害之一，如图4-13、图4-14所示。

图4-13　叶片出现褐斑

图4-14　叶片出现大量棕红色褐斑

花生生长期，茎叶喷施乳氟禾草灵，药害出现较快，初为水浸状、失绿，叶片出现棕红色褐斑。

（二）药害之二

药害之二，如图4-15所示。

图4-15　花生矮化

　　花生播后苗前，在持续低温、高湿下过量使用乙草胺后的药害症状，花生生长缓慢、矮化，生长受抑，根的生长受到抑制、须根减少、根毛减少（右边花生为对照）。

　　（三）药害之三

　　药害之三，如图4-16所示。

图4-16　花生叶片扭曲

花生生长期误喷2,4-D丁酯，茎叶出现扭曲，心叶褐枯。

（四）药害之四

药害之四，如图4-17所示。

图4-17　花生叶片红棕色褐斑

花生生长期，茎叶喷施三氟羧草醚药害症状。受害花生叶片红棕色褐斑已有所恢复，新生叶片没有损害。

（五）药害之五

药害之五，如图4-18所示。

花生播后芽前误用胺苯磺隆，表现为花生生长缓慢、黄花、严重矮缩，根系发育不良、根少而短、无根毛，缓慢死亡。

（六）药害之六

药害之六，如图4-19所示。

花生播后芽前喷施少量莠去津的药害症状。受害花生生长缓慢、黄化、枯死（右边为空白对照）。

图4-18　花生严重矮缩

图4-19　花生黄化

（七）药害之七

药害之七，如图4-20所示。

图4-20　花生苗后叶片黄化

　　花生播后芽前过量喷施绿麦隆的药害症状。受害花生正常出苗，苗后叶片黄化，部分叶片边缘枯焦，重者叶片枯死（右边为空白对照）。

（八）药害之八

药害之八，如图4-21所示。

图4-21　花生叶片出现褐斑

花生生长期，茎叶喷施氟磺胺草醚药害症状。受害花生叶片出现褐斑，重者叶片枯死（左边为空白对照）。

（九）药害之九

药害之九，如图4-22所示。

花生播后芽前，遇高湿条件下过量喷施乙氧氟草醚的药害症状。受害花生基本正常出苗，苗后叶片出现褐斑，少数叶片枯死，生长受到暂时的抑制。20天基本恢复正常，产量影响不大（右边为空白对照）。

（十）药害之十

药害之十，如图4-23所示。

花生播后芽前，过量喷施异丙隆的药害症状。受害花生叶片黄化，部分叶片边缘枯焦，叶片枯死，花生生长受到强烈抑制（右边为空白对照）。

图4-22 苗后叶片出现褐斑

图4-23 花生叶片黄化

（十一）药害之十一

药害之十一，如图4-24所示。

花生播后芽前，低温高湿条件下喷氟乐灵的药害症状。受害花生矮缩，畸形，长势差（右边为空白对照）。

图4-24　花生矮缩畸形

（十二）药害之十二

药害之十二，如图4-25所示。

图4-25　花生黄化严重矮缩

（十三）药害之十三

药害之十三，如图4-26所示。

图4-26　花生卷叶

出现上述卷叶症状，除草剂药害也是其中一个原因。有2种情况：一种是本茬的除草剂，比如除草剂选择错误，或者是剂量过多等；另一种是上茬除草剂药害，例如，上茬种植的是小麦，苯磺隆使用过晚或者过量，对后茬的花生就有可能造成除草剂药害，出现卷叶。

五、除草剂药害的类型与补救措施

（一）药害的类型

花生受除草剂药害后主要表现为心叶黄化，根部变黑腐烂，缓慢死亡。一旦产生药害，要分辨药害的类型，分析产生药害的原因，估测药害的严重程度，采取相应措施。

（1）如果作物药害较轻，为1级，仅仅叶片产生暂时性、接触性药害斑，一般不必采取措施，作物会很快恢复正常生长发育。

（2）如果作物药害比较重，为2~3级，叶片出现褪绿、皱缩、畸形、生长明显受到抑制，那么就需要采取一些补救措施。

（3）如果药害严重，达到了4级，生长点死亡，甚至部分植株死亡，一般都会导致大幅度减产，要补种或毁种。

（二）补救措施

1. 使用解毒药剂

针对导致作物药害的药物性质，用与其相反的药物中和缓解。如发生2,4-D丁酯药害可喷施0.3%硫酸亚铁水溶液缓解。出现除草剂药害时，每亩用奈安除草安全剂80~100克，对水30千克喷雾，可解救药害。

2. 喷施调节剂和液肥

在作物发生除草剂药害后立即喷施，如叶面喷施赤霉素、天丰素、云大120等，喷施0.2%~0.4%磷酸二氢钾、1%~2%尿素水溶液，连续喷施2~3次，每隔5~7天喷施1次，也可收到显著的降低药害的效果。

3. 使用吸附剂

活性炭的吸附性强，能减少除草剂污染土壤对下茬作物的药害。活性炭可以在播种沟中条施或穴施，也可在幼苗移植前用活性炭浸苗，或者先将作物种子浸蘸40%的胶液，再在活性炭中滚动，成型后播种。

4. 喷清水

冲洗如果除草剂喷洒过量或者邻近敏感作物叶片遭受药害，可在受害叶片上连续喷洒几次清水，以清除或减少作物叶片上的农药残留。对遇到碱性物质易分解失效的除草剂造成的药害，还可在水中加0.2%生石灰水或碱面溶液进行淋洗。

5. 摘除受药害作物的受害器官

对局部药害严重的，可摘除受到药害重的枝、叶或果实，避免传导。还应结合施用中和缓解剂或清水多次冲洗，降低药物残留。

6. 足量浇水

足量浇水可以增加作物细胞水分、降低植株体内药物的相对含量和浓度，达到缓解和阻止药害的作用。针对因土壤施药过量造成药害，可采取灌水和排水洗田的方法排除药物、减轻药害。

7. 及时追肥、中耕松土

药害发生后，及时给作物补充速效氮、磷、钾和其他作物必需营养元素，恢复受害作物生理功能。结合追肥浇水进行中耕松土，增加土壤的透气性和地温，可促根系发育，增强植株恢复能力。

第五章
鼠　害

　　鼠类在花生播种至成熟的整个生长期都有为害，常造成缺苗、断垄和荚果大量空壳等，可致花生减产5%～10%，严重的减产30%～60%，损失巨大。生态环境遭到破坏和天敌锐减是造成花生田鼠害日趋严重的重要原因之一。为害花生的鼠类有褐家鼠、小家鼠、黑线姬鼠、棕色田鼠、黑线仓鼠、大仓鼠等十余种，它们种群数量大、繁殖快、机敏，广布各处，很难用单一方法防治，因此，建议采用有针对性的综合防治措施，以提高防效。

　　为害花生的鼠类多数栖息在花生田周边的田埂、沟渠、河道、坟墓、村庄等处的洞内，昼夜均出来为害，但以夜间为害最频繁。花生田害鼠有明显的趋边性，田块四周8～10米受害最重，越向田中间受害越轻。早播、零星种植、早熟以及距离村庄、河堤、坟地、路边等处近的花生田受害重。荚果和种仁是鼠类主要的为害对象，叶、茎有时也会受害。花生从播种至刚出苗和荚果成熟期是鼠类为害的高峰期，出苗前常将花生种仁从土壤中扒出全部或部分吃掉，或仅咬破而不吃掉，造成大面积缺苗或不能发芽出苗。被老鼠扒出而未吃掉的种仁，因显露于地面，很快会被其他鸟兽吃掉；荚果初成熟至成熟期受害逐渐加重。鼠类多从荚果一头咬1个小洞，吃去果仁，仅留下空壳；也有的将荚果掘出于地表，咬烂果壳，吃掉果仁，留下一小堆一小堆的果壳；还有的将荚果运入鼠洞，大量储藏，供需要时食用。

主要鼠类的发生与为害

一、褐家鼠

（一）发生与为害

褐家鼠也称为褐鼠、大家鼠、白尾吊、粪鼠、沟鼠，为中型鼠类，体粗壮，体长13～23厘米，尾长明显短于体长。尾毛稀疏，尾上环状鳞片清晰可见。耳短而厚，向前翻不到眼睛。背毛棕褐色或灰褐色，如图5-1所示。

图5-1　褐家鼠

褐家鼠栖息地非常广泛，在河边草地、灌丛、庄稼地、荒草地以及林缘池边都有，但大多数在居民区，主要栖居于人的住房和各类建筑物中，特别是在牲畜圈棚、仓库、食堂、屠宰场等处数量最多。褐家鼠是一种家族性群居鼠类，属昼夜活动型，以夜间活动为主。一般在春、秋季出洞较频繁，盛夏和严冬相对偏少，但无冬眠现象。

褐家鼠活动能力强，善攀爬、弹跳、游泳及潜水。褐家鼠为杂食性动物。食谱广而杂，几乎所有的食物以及饲料、工业用油乃至某些润滑油，甚至垃圾、粪便、蜡烛、肥皂等都可作为它的食物。但它对食物有选择性、嗜食含脂肪和含水量充足的食物，其选择食物随栖息场所不同而异。在野外，以作物种子、果实为食，如花生种子等，也食植物绿色部分和草籽。每年4—5月和8—10月是褐家鼠的田间为害高峰和花生的被害高峰。

（二）防治措施

（1）在褐家鼠高数量年份，采用以化学灭鼠剂为主的应急防治措施，迅速降低其种群数量，一般年份则采用生态调控等环境友好型措施加以控制。每年4—5月进入怀孕高峰前为最佳防治时期。化学防治主要采用抗凝血杀鼠剂。

（2）保持农田整洁，去除田间地头的杂草、杂物，可有效降低褐家鼠的定居。在有条件的情况下，尽可能同一种作物大面积连片种植，可以有效减少褐家鼠的为害。轮作、倒茬，加强田间管理，对闲置地进行伏翻、冬翻，破坏鼠类的栖息、环境和食物条件，也可有效降低褐家鼠的数量。

（3）天敌防治，褐家鼠是猫科动物及猫头鹰等动物的猎物。

二、小家鼠

（一）发生与为害

小家鼠为鼠科中的小型鼠，分布很广，遍及全国各地，是家栖鼠中发生量仅次于褐家鼠的一种优势鼠种。种群数量大，破坏性较强。体形小，一般体长7厘米左右，尾长等于或短于体长，耳短，毛色变化很大，背毛由灰褐色至黑灰色，如图5-2所示。

图5-2　小家鼠

住房、厨房、仓库等各种建筑物、衣箱、橱柜、打谷场、荒地、草原等都是小家鼠的栖息处。小家鼠具有迁移习性，每年3—4月天气变暖，开始春播时，从住房、库房等处迁往农田，秋季集中于作物成熟的农田中。作物收获后，它们随之也转移到打谷场、粮草垛下，后又随粮食入库而进入住房和仓库。小家鼠昼夜活动，但以夜间活动为主，尤其在晨昏活动最频繁，形成2个明显的活动高峰。

小家鼠为杂食动物，但主要以植物性食物为主，为害花生时，多从荚果的一端咬开孔洞，盗食果仁。每年4—5月和8—10月是小家鼠的田间为害高峰和花生的被害高峰。

（二）防治措施

1.生物防治

在野外，小家鼠的天敌有猫、狐狸、黄鼠狼、鼬、大蜥蜴、蛇、鹰、猫头鹰等。在药物控制鼠害的基础上增加小家鼠天敌数量，如鹰架招鹰、放养沙狐等方法，是有效控鼠途径。

2.器械灭鼠

要用灵敏度高的捕鼠工具，鼠夹用小号，布放地点之间小于2米；用鼠笼时笼网眼要小。群众使用的碗扣、坛陷等方法效果也好；用粘鼠胶或粘蝇纸捕捉，安全有效。

三、黑线仓鼠

（一）发生与为害

黑线仓鼠体型小，外表肥壮，粗短，成体体长8～12厘米。头较圆，吻短钝。耳短圆，具白色毛边，尾极短小，约为体长1/4。背部毛色因地区不同变化较大，有棕红色、黄灰色、黄褐色，如图5-3所示。

图5-3　黑线仓鼠

黑线仓鼠为夜行鼠类，除秋季储粮季节，白天一般不出洞活动。黎明前、黄昏后活动频繁，一般以19:00—21:00活动最为频繁。黑线仓鼠以颊囊搬运食物入洞，其活动距离一般不超过200米。夏季也储存少量麦粒等，秋季储粮将大量花生荚果运于洞中贮存。黑线仓鼠主要栖息在野外，栖息环境十分广泛，尤喜栖息在沙质土壤中。洞穴多在干燥的农田、田埂、坟地、荒地等处，每个洞系有2～3个洞口，洞口直径多在2.5～3厘米，洞口光而圆，洞口无盗出的粪土。洞口入洞后垂直向下10～15厘米，然后斜行向下。洞道全长2～3米。仓库内存粮多为0.5～1千克。

（二）防治措施

1. 化学灭鼠

（1）灭鼠剂。灭鼠剂使用方法。

①毒饵：配制毒饵必须尽量新鲜，灭鼠剂要合格，不含影响适口性杂质，严格按配方要求，浓度太高或太低都会影响质量，调拌要均匀。毒饵有附加剂、引诱剂、增效剂、防腐剂、黏着剂和警戒剂等。

②毒水：不仅节省粮食，而且安全。

③毒粉：将毒粉撒在鼠洞口和鼠道上，当鼠类走过时，毒粉沾在爪和腹毛上，通过修饰行为将毒粉带进口腔吞下中毒。

（2）化学绝育剂。用于灭鼠较化学灭鼠剂安全。但其作用非常缓慢，且尚有的化学绝育剂适口性差。

（3）熏蒸剂。氰化氢、磷化氢、氯化苦、溴甲烷、二氧化硫、二硫化碳、一氧化碳、二氧化碳、环氧乙烷，民间使用的烟剂等。

（4）驱鼠剂。福美双、灭草隆、三硝基苯、三丁基氯化锡。

2. 生物灭鼠

（1）中草药灭鼠。白头翁、苦参、苍耳、狼毒等。

（2）利用鼠的天敌灭鼠。

3. 器械灭鼠

捕鼠夹、木板夹、铁板夹、钢弓夹、环形夹、捕鼠笼、捕鼠箭、挤弓捕鼠、套具捕鼠、吊套捕鼠、捕鼠钩、电子捕鼠器捕鼠、黏鼠法、碗扣法、盆扣法、吊桶、压鼠法、陷鼠法。鼠夹和弓形夹等捕鼠工具以及挖洞和灌饲等方法均有效。在春、秋两季也可以选用磷化锌、亚砷酸等毒饵诱杀，磷化钙及灭鼠烟炮等都可收到良好效果。

四、大仓鼠

（一）发生与为害

大仓鼠是鼠类形态特征中体形较大的一种，体长14～20厘米。外形与褐家鼠的幼体较相似，尾短小，长度不超过体长的1/2。头钝圆，具颊囊。耳短而圆，具很窄的白边。背部毛色多呈深灰色，体侧较淡，背面中央无黑色条纹，如图5-4所示。

图5-4　大仓鼠

大仓鼠喜居在干旱地区，如土壤疏松的耕地、离水较远和高于水源的农田、菜园、山坡、荒地等处。也有少数栖居在住宅和仓房内。大仓鼠属于夜间活动类型。一般是18:00—24:00活动最多，次晨4:00—6:00活动停止。大仓鼠的洞穴结构比较复杂，有洞、洞道、仓库和巢室。一般有1个与地面垂直的洞口，另外，还有3个斜滑口。地表上常有浮土堵塞，称暗洞，建筑在隐蔽处，略高于地表灼圆形土丘，明洞为鼠的进出口，建筑在稍高的向阳处，洞口光滑，无遮盖物。垂直洞洞深40~60厘米，然后转为与地面平行的水平通道。

秋季花生成熟期是大仓鼠活动的高峰期，大量盗运花生和其他粮食作物，每个洞穴可贮粮达到10千克以上。

（二）防治措施

（1）药剂毒杀用5%磷化锌毒饵。

（2）挖洞。大仓鼠的洞比较短波，挖起来不太费力。

（3）鼠夹捕杀。在洞口放小型捕鼠夹捕杀。

（4）水灌法。在水源方便地区，用水灌入洞中，特别是在地刚刚解冻时，土不渗水，只要一桶水灌进去就能将鼠赶出篝。但因大仓鼠往往有好几个洞口，灌水时必须注意。

五、棕色田鼠

（一）发生与为害

棕色田鼠，别称地老鼠。身体短粗，两眼小，相距较近。耳壳短而圆，被毛所掩盖，尾短，体背毛呈黄褐色至棕褐色，毛基黑色，毛尖棕褐色，如图5-5所示。

图5-5　棕色田鼠

棕色田鼠不冬眠，营地下群居生活，在土中挖掘洞道和觅食，较少到地面活动。棕色田鼠日间活动水平较低，夜晚尤其是凌晨活动频繁。夏粮成熟至收获后，棕色田鼠大量迁出，部分残存于地埂田边。初冬果园是棕色田鼠越冬的场所。棕色田鼠在土中挖掘洞道和觅食。洞系结构较为复杂，由支道端部露于地面的土丘、风口和地下的取食道、主干道、仓库和主巢等部分组成，洞道交错纵横，长十几米。棕色田鼠善于掘土，并将挖松的土翻堆到洞外地面。

一个完整的洞系范围内土丘数一般为25～38个，地表土丘半径为7～20厘米，且分散，不成链状，可与鼢鼠土丘明显区分。

棕色田鼠主食植物的地下部分，如草根及其地下茎、甘薯等地下块茎和花生的地下部分，也食植物的地上部分。贮食，食量大。

（二）防治措施

（1）人工灭鼠。摸清该鼠在当地的活动规律，进行人工捕杀。

（2）器械灭鼠。可采用捕鼠盒、弹簧钳等器械灭鼠。

（3）毒饵诱杀。

（4）生物灭鼠。注意保护鼠类天敌猫头鹰、蛇类等，创造其适生条件，发挥天敌的灭鼠作用。

六、黑线姬鼠

（一）发生与为害

黑线姬鼠也称为田姬鼠、黑线鼠，为一种小型鼠类，体长6.5～11厘米，身材纤细灵巧，四肢较细弱。体背淡灰棕黄色，如图5-6所示。

图5-6　黑线姬鼠

栖息环境广泛，喜居于向阳、潮湿、近水源的地方，在农业区常栖息在地埂、土堤、林缘和田间空地中。在林区生活于草甸、谷地，以及居民区的菜地和柴草垛里，还经常进入居民住宅内过冬。春季农田播种后和农作物萌芽期，常窜入田间活动，随着禾苗的不断生长，逐渐移往农田四周的草地、田埂、土堤等处，当作物成熟收割时，又迁回割倒的庄稼地里。黑线姬鼠食性较杂，但以植物性食物为主。

黑线姬鼠的洞系一般有3～4个洞口，也有暗窗，在洞道下行到地下40～60厘米时，即转向与地面平行或略向下斜，在洞道的一端或中间有扩大的巢室或仓库，洞道的全长不超过2米。秋季，在打草场或贮草地的草垛下常能发现黑线姬鼠的临时洞和使用已久的洞穴。

黑线姬鼠的为害主要表现为作物播种期盗食种子，生长期和成熟期啃食作物营养器官和果实。常盗食各种农作物的禾苗、种子、果实以及瓜、果、蔬菜。一般咬断作物的秸秆，

取食作物的果实。对作物的为害，如花生、小麦、玉米等，

可从播种期维持到成熟期。

（二）防治措施

防治黑线姬鼠应从生态控制途径着手，当害鼠数量增加到生态失控时，需进行大面积突击联合药物防治，防治适期主要掌握在春、秋2个繁殖高峰来临之前，即3月中旬至4月下旬和8月中旬至9月下旬，其中，春季防治效果较好，且此时雨季尚未来临，毒饵在田间不易霉变，对灭鼠有利。

（1）农田建设要考虑到防治鼠害，如深翻土地，破坏其洞系及识别方向位置的标志，能增加天敌捕食的机会。

（2）清除田园杂草，恶化其隐蔽条件，可减轻鼠害。

（3）作物采收时要快并妥善储藏，断绝或减少鼠类食源。

（4）保护并利用天敌。

（5）人工捕杀。在黑线姬鼠数量高峰期或冬闲季节，可发动群众采取夹捕、封洞、陷阱、水灌、鼓风、剖挖或枪击等措施进行捕杀。有条件的地区也可用电猫灭鼠。

（6）毒饵法。以小麦、大米或玉米（小颗粒）作诱饵，采取封锁带式投饵技术和一次性饱和投饵技术，防效较好。

（7）烟雾炮法。将硝酸钠或硝酸铵溶于适量热水中，再把硝酸钠40%与干牲口粪60%或硝酸铵50%与锯末50%混合拌匀，晒干后装筒，筒内不宜太满太实，秋季，选择晴天将炮筒一端蘸煤油、柴油或汽油，点燃待放出大烟雾时立即投入有效鼠洞内，入洞深达15～17米处，洞口堵实，5～10分钟后害鼠即可被毒杀。

（8）熏蒸法。在有效鼠洞内，每洞把注有3～5毫升氯化苦的棉花团或草团塞入，洞口盖土；也可用磷化铝，每洞2～3片。

（9）拌种法。播种时用辛硫磷拌种。

第六章
花生主要病虫草害绿色防控技术

第一节　花生病虫草害绿色防控理念

花生有"长生果"之称，是我国主要的油料作物和经济作物，具有悠久的栽培历史，种植面积位列世界第二位，总产量居世界第一，在国民经济和对外贸易中一直占有重要地位。近年来随着农业产业结构的调整和花生经济价值的提高，种植面积不断增加，花生产量高低和品质优劣直接影响到农民的经济收入和人们生活水平。花生产量和质量在很大程度上受到病虫害的影响，特别是近年来随着种植面积的扩大、种植时间的增加和耕作制度的变化，各种病虫草害的发生和流行呈现逐年加重的趋势，严重影响了花生的质量与产量，每年给花生生产造成很大损失。病虫草害已成为花生产业发展限制性问题之一。农业部提出《到2020年农药零增长行动方案》，贯彻"科学植保、公共植保、绿色植保"的理念，花生病虫草害的防治应当在做好抗病品种利用、农业防治、物理防治、生物防治的基础上，推广使用高效低毒的农药，走绿色防治的道路。

　　花生绿色防控，就是树立"绿色植保、公共植保"理念，坚持"预防为主，综合防治"植保方针，以花生为对象，健身栽培为基础，在整个生育期优先采用农业防治、物理防治、生物防治等绿色防控措施以及化学农药科学、合理、安全使用技术，推广使用生物农药、高效低毒农药及先进施药机械，协调各项防治技术，发挥综合效益，把病虫损失控制在经济允许水平以下，走绿色防治的道路。

　　花生绿色防控是花生综合防治的升级，绿色防控不排斥农药，提倡使用生物农药，减少化学农药使用量。在农业防治、理化诱控和生物防治都不能有效控制病虫为害时，选用高效、低毒、低残留农药。花生绿色防控更强调花生生产安全，更保证花生质量品质，更注重农业生态效益。

第二节　绿色防控主要技术措施

一、农业防治

　　重点采取推广健康栽培的农业技术综合措施，调整和改善花生的生长环境，以增强花生对病、虫、草害的抵抗力，创造不利于病原物、害虫和杂草生长发育或传播的条件，以控制、避免或减轻病、虫、草的为害。改造病虫害发生源头及孳生环境，人为增强自然控害能力和作物抗病虫能力。主要措施如下。

　　（1）品种选择。根据当地花生主要病害种类选择抗病虫或耐病虫品种。

　　（2）耕翻土地。土壤翻耕深度25~30厘米，降低耕作层病虫基数。

（3）合理轮作、间作。与小麦、玉米等禾本科作物轮作、间作，降低病虫害的发生和为害程度。

（4）合理施肥。以腐熟有机肥为主，合理增施生物肥料，推广测土配方施肥。可按"钾全量、氮减半、磷加倍"施肥原则预估施肥。

（5）清洁田园。收获时，注意捡拾地表的幼虫，降低虫口密度；将植株残体、杂草及地膜等清理干净，集中进行无害化处理，保持田园茬后清洁。

（6）适期播种。当5日内5厘米平均地温稳定在15°C以上即可播种，在18℃以上时出苗快而整齐。适时播种能使花生植株较粗壮分枝多，提高种子成活率，同时，开花结荚多。

（7）适时化控。采用化学调控技术，控上促下，防止旺长倒伏。对于旺长田块，一般在盛花后期或植株高度达到35~40厘米时，喷施多效唑或烯效唑。

二、理化诱控技术

（1）杀虫灯诱杀。一般在5月上旬至8月底，采用频振式杀虫灯诱杀鳞翅目、鞘翅目、半翅目等害虫。每30亩地安装1盏灯，悬挂高度1.5~2米，棋盘式分布，每晚18:00开灯，次日6:00关灯。

（2）色板诱杀。采用黄色或蓝色黏虫板诱杀蚜虫、蓟马等害虫，每亩可放置25厘米×40厘米粘板30块，悬挂高度与花生株高平。注意及时更换。

（3）性信息素诱杀。采用性诱剂诱捕器诱杀金龟甲类等地下害虫成虫，2亩安装1台，20天更换1次诱芯，及时清理害虫。

（4）食诱剂诱杀。

①采用金龟甲类食诱剂诱杀金龟甲类害虫成虫，每亩安装1台

诱捕器，20天更换1次诱芯，及时清理害虫。

②采用棉铃虫食诱剂诱杀棉铃虫成虫，每亩安装2台诱捕器，诱捕器底端高于花生顶部50~60厘米，每30天更换1次诱芯，及时清理害虫。

③采用小地老虎食诱剂诱杀小地老虎成虫，每亩安装2台诱捕器，诱捕器底端高于花生顶部20~60厘米，每30天更换1次诱芯，及时清理害虫。

（5）糖醋酒液诱杀。采用糖醋酒液诱杀小地老虎、金龟甲类等害虫成虫，比例按照：糖：醋：酒：水=1：4：1：16的比例配制，盛放在诱虫器内，7天更换1次糖醋酒液，及时清理害虫。

（6）防虫网阻隔。防虫网是以高密度聚乙烯为主要材料，并添加抗老化和抗紫外线等助剂，精加工编制而成的不同规格的网纱。通过覆盖防虫网，可将害虫挡在田地之外，使用得当防治效果可达90%以上。

（7）银灰膜驱避。由于蚜虫对银灰色有负趋性，播种后出苗前使用银灰膜覆盖，具有明显的反光驱蚜作用，可有效减轻花生苗期蚜虫的发生为害。

三、生物防治技术

重点推广应用以虫治虫、以螨治螨、以菌治虫、以菌治菌等生物防治关键措施，积极开发植物源农药、农用抗生素、植物诱抗剂等生物生化制剂应用技术。

（1）利用自然天敌：保护利用瓢虫、草蛉、食蚜蝇、捕食螨、蚜茧蜂、捕食蜘蛛、鸟类和蛙类等自然天敌。

（2）生物农药防治。

①采用150亿个孢子/克球孢白僵菌3 750~4 500克/亩防治金龟甲类害虫，花生播种时穴施。

②采用昆虫病原线虫悬浮液防治金龟甲类幼虫，开花下针期灌根。

四、科学用药技术

推广高效、低毒、低残留、环境友好型农药，优化集成农药的轮换使用、交替使用、精准使用和安全使用等配套技术，加强农药抗药性监测与治理，普及规范使用农药的知识，严格遵守农药安全使用间隔期。通过合理使用农药，最大限度降低农药使用造成的负面影响。

五、化学防治技术

1. 农药选择原则

在农业防治、理化诱控和生物防治都不能有效控制病虫为害时，选用高效、低毒、低残留农药，严格按照GB 4285、GB/T 8321（所有部分）及国家其他有关农药使用的规定执行。

2. 农药施用方法

交替使用农药，按照农药安全间隔期用药，喷雾施药按照GB/T 17997规定执行。

3. 主要病虫草害

（1）主要虫害有棉铃虫、蚜虫、小地老虎、金针虫、金龟甲类、甜菜夜蛾等。

（2）主要病害有花生叶斑病、花生网斑病、花生病毒病、花生锈病、花生根腐病、花生茎腐病等。

（3）主要杂草有马唐、牛筋草、狗尾草、反枝苋、马齿苋、铁苋菜、藜、香附子等。

第三节　花生全程病虫草害绿色防控技术

一、播种期

（一）选用抗病品种

（1）抗叶斑病。濮花9519、远杂9847、豫花9830、豫花9805、开农61、郑农花12号、豫花25号、远杂6号、开农69、开农70、开农71、开192、郑花6号、漯花9号、花育23、花育36等。

（2）抗病毒病。濮花9519、漯花4号、郑农花9号、豫花9925、商研9938、远杂9847、豫花9830、泛花3号、商研9807、豫花21号、豫花25号、远杂6号、开农69等。

（3）抗锈病。豫花9925、郑农花9号、泛花3号、商研9807、商研9807、开农61、开农172等。

（4）抗根腐病。豫花21号、豫花22号、豫花23号、豫花25号、豫花27号、商花5号、远杂5号、安花0017、开农70、开农71等。

（5）抗果腐病。中花6号。

（6）抗青枯病、叶斑病。日花1号等。

（7）抗茎腐病。花育20。

（二）平衡施肥

增施有机肥，无机肥合理搭配，氮∶磷∶钾=1∶1.5∶2，中微量元素配合。

（三）处理土壤

播前石灰氮处理土壤（20千克/亩）（根腐病/白绢病）。

（四）合理密植

与非寄主作物实行2年以上的轮作。

（五）适当晚播

春播花生适当晚播，可以减轻除草剂残留药害和病虫害的发生。

（六）种子处理

（1）防治蛴螬等地下害虫、蚜虫等：每亩可用60%吡虫啉悬浮种衣剂60毫升，或用18%噻虫胺悬浮种衣剂100毫升、70%噻虫嗪水分散粒剂30～50克、18%氟虫腈·毒死蜱种子处理微囊悬浮剂100毫升处理花生种子。

（2）预防茎腐病、白绢病、根腐病等根部病害：可用50%多菌灵按种子量的0.3%或每亩用2.5%咯菌腈悬浮种衣剂20～40毫升、6.25%咯菌腈·精甲霜灵20毫升拌种。

（3）可以将杀虫剂、杀菌剂混合均匀，进行种子处理，预防苗期多种病虫害。

（七）封闭除草

花生播后芽前每亩用96%精异丙甲草胺乳油50～60毫升、33%除草通乳油150毫升、72%异丙甲草胺乳油150～200毫升，对水30～40千克均匀喷雾于土表，封闭除草。

二、苗期

（一）化学除草

（1）以禾本科杂草为主的田地，在杂草2～4叶期，每亩用10.8%精氟吡甲禾灵乳油20～30毫升、5%精喹禾灵30～40毫升、6.9%精噁唑禾草灵浓乳剂50毫升等。

（2）以阔叶杂草为主的田块，在杂草株高5厘米之前，每亩用48%苯达松水剂120～180毫升，24%三氟羧草醚（杂草焚）水剂60～100毫升、24%乳氟禾草灵（克阔乐）乳油25～40毫升、

24%甲咪唑啉酸水剂20～30毫升，对水30升均匀喷雾。

（3）禾本科杂草与阔叶杂草混发的田地，可以选择上述两类除草剂混用，或使用精喹·乙羧，防治香附子使用10%万垅通（精喹+神奇助剂+有机硅）。

（4）花生田不要使用氟乐灵、乙草胺，容易产生药害；甲咪唑啉酸使用量不能过高、施药期不能过晚，否则，对后茬小麦易产生药害。出现除草剂药害时，每亩用奈安除草安全剂80～100克，对水30千克喷雾，可解救药害。

（二）根腐病、茎腐病防治

没有进行药剂拌种的地块，根腐病、茎腐病、白绢病发病初期选用25%戊唑醇水乳剂1 500倍液、50%嘧菌酯水分散粒剂或40%丙环唑乳油2 000～2 500倍液，喷淋花生茎基部，7～10天喷施1次，连续喷2～3次。

（三）物理防治

杀虫灯、食诱剂等诱杀金龟子、叶甲、鳞翅目成虫等。

（四）花生蚜虫防治

防治花生蚜虫必须立足早字，在花生齐苗后，用10%吡虫啉1 000倍液、25%吡蚜酮悬浮剂1 500～2 000倍液或50%的辛硫磷1 500倍液均匀喷雾，兼治蓟马、粉虱等。有条件的地方使用蚜茧蜂、异色瓢虫等进行生物防治，也可在有翅蚜迁飞初期使用黄板诱杀。

（五）病毒病防治

及时防治蚜虫是预防花生病毒病的有效措施，防治病毒病的药剂与杀虫剂混用，可显著提高防治效果。在发病前或发病初期，可选用0.5%菇类蛋白多糖水剂、30%毒氟磷可湿性粉剂400～600倍液等喷雾。或每亩用8%宁南霉素水剂80～100毫升，20%盐酸吗啉胍可湿性粉剂200克、2%氨基酸寡糖素水剂200毫升，加水30~40千克均匀喷雾。每隔7~10天喷1次，连喷施3~4次。

三、中后期病虫害防治

（一）杀虫灯

频振式杀虫灯可诱杀农业害虫30余种，以金龟子、棉铃虫、玉米螟、甜菜夜蛾等为主，平均每盏日诱杀成虫600多头，最多一盏灯一夜诱杀2 000余头，通过诱杀可大幅度减少害虫田间落卵量，大大减轻蛴螬等农业害虫的为害。

（二）诱杀害虫

在花生田悬挂性诱剂诱杀金龟子、棉铃虫、甜菜夜蛾、斜纹夜蛾雄虫等，尤其是使用食诱剂+性诱剂，诱集棉铃虫、甜菜夜蛾、金龟子效果显著增强。按照1：100的比例喷洒生物食诱剂，集中诱杀夜蛾科成虫，减少田间害虫数量。

（三）褐斑病、黑斑病、网斑病等防治

花生初花期、盛花末期、膨果期分3次使用32.5%苯醚甲环唑·醚菌酯悬浮剂20~40毫升、17.2%吡唑醚菌酯·氟环唑悬浮剂40~50毫升、25%吡唑醚菌酯悬浮剂25~30毫升、或用30%苯醚甲环唑·丙环唑乳油30毫升、25%戊唑醇水乳剂30~40毫升、对水30千克，均匀喷雾。或用60%吡唑醚·代森联1 500倍液，每隔7~10天喷1次，连喷2~3次，兼治白绢病、果腐病等。根据情况加入杀虫剂和植物生长调节剂、微肥等，达到一喷多效，延长叶片的功能期。

花生生育后期不要喷洒多菌灵，以防诱发花生锈病。

（四）青枯病防治

花生始花期或发病初期：可选用20%噻菌铜悬浮剂、56.7%

氢氧化铜水分散粒剂300～500倍液，3%中生菌素可湿性粉剂600～800倍液，或用41%乙蒜素乳油60～10毫升、2%氨基寡糖素水剂200毫升，对水50～60千克，喷淋花生茎基部。

（五）果腐病防治

花生结荚初期或发病初期，可选用3%多抗霉素水剂100倍液，2亿活孢子/克木真菌可湿性粉剂200～300倍液，1%申嗪霉素悬浮剂600～800倍液，70%噁霉灵可溶粉剂1 000～1 500倍液，灌根或喷淋花生茎基部，每穴浇灌喷淋药液0.2～0.3千克，间隔7～10天防治1次，连续防治2～3次。

（六）地下害虫防治

在卵孵化盛期至低龄幼虫期，每亩可选用3%辛硫磷颗粒剂5～8千克顺花生垄撒施到穴墩根际；或用30%毒·辛微囊悬浮剂1 000～1 500毫升拌毒土撒施；也可用150亿个孢子/克球孢白僵菌可湿性粉剂250～300克拌土撒施。用30%毒·辛微囊悬浮剂500～1 000毫升、50%辛硫磷乳油300～500毫升，对水40～50千克，去掉喷头，顺垄喷灌植株根部周围。可兼治新黑地蛛蚧。

（七）叶螨防治

始花期至荚果期，红蜘蛛数量开始迅速上升时，每亩用15%哒螨灵可湿性粉剂30～40克，或用1.8%阿维菌素乳油20～30毫升，对水40～50千克，均匀喷雾。

（八）食叶害虫防治

在卵孵化盛期用Bt乳剂（100亿孢子/毫升）1 000倍液喷雾，在1～2龄幼虫高峰期用20%虫酰肼悬浮剂1 000～1 500倍液，20%氯虫苯甲酰胺悬浮剂2 000～3 000倍液，或用5%甲维盐5 000～8 000倍液，或用1.8%阿维菌素乳油3 000～5 000倍均匀喷雾。每隔5～7天喷施1次，连续2～3次，注意轮换使用农药，避免害虫产生抗药性。

572 020000 048572 02